犬猫用药速查手册

第3版

董　军　李丛林　主编

中国农业大学出版社
·北京·

图书在版编目(CIP)数据

犬猫用药速查手册/董军，李丛林主编 .—3 版.—北京：中国农业大学出版社，2020.10(2024.9 重印)

ISBN 978-7-5655-2439-4

Ⅰ.①犬… Ⅱ.①董…②李… Ⅲ.①犬病-兽用药-手册②猫病-兽用药-手册 Ⅳ.①S858.2-62

中国版本图书馆 CIP 数据核字(2020)第 192432 号

书　　名　犬猫用药速查手册　第 3 版

作　　者　董　军　李丛林　主编

策划编辑　张秀环　　**责任编辑**　张秀环

封面设计　郑　川

出版发行　中国农业大学出版社

社　　址　北京市海淀区圆明园西路 2 号

邮政编码　100193

电　　话　发行部 010-62733489,1190

编辑部 010-62732617,2618

读者服务部 010-62732336

出　版　部 010-62733440

网　　址　http://www.caupress.cn

E-mail:cbsszs@cau.edu.cn

经　　销　新华书店

印　　刷　涿州市星河印刷有限公司

版　　次　2021 年 1 月第 3 版　2024 年 9 月第 5 次印刷

规　　格　889×1 194　64 开本　5.125 印张　130 千字

定　　价　20.00 元

第3版编写委员会

主编　董　军　李丛林

编者　（按姓氏笔画排列）

于雪枝　吕金宝　李丛林　徐浩宇

董　军

第 2 版编写委员会

主编 董　军　潘庆山

编者 （按姓氏笔画排列）

孙艳争　李　慧　杨　静　杨万莲

杨雪娇　金艺鹏　庞海东　张　健

范　开　屈江燕　钟友刚　相秀丽

常建宇

主审 林德贵

第 1 版编写委员会

主编　董　军　潘庆山

编者　（按姓氏笔画排列）

成安慰　李　慧　杨万莲　张　健

金艺鹏　庞海东　范　开　郑　雯

钟友刚　施文琴　常建宇

第3版前言

宠物市场不断发展,兽医知识不断更新,临床药物也在不断更新。本手册是在第2版基础上收录了一些近几年的新药,同时也删去了一些不再使用的药物。附录中也新增了临床处方常用缩写,使每种药的版面看起来更加简洁。

本手册内容包括抗微生物药,抗寄生虫药,中毒解救药,外用药,中枢神经用药,内分泌药,植物神经系统用药,维生素、微量元素、能量及水盐代谢药,心血管系统用药,消化系统用药,呼吸系统用药,生殖系统用药,泌尿系统用药,抗过敏药、抗休克药,机体免疫功能调节及抗肿瘤药,疫苗、血清,共16大类630余种临床常用药。文后有血常规指标、血生化指标、犬的体重与体表面积换算表、猫的体重与体表面积换算表、常用处方缩写5个附录和索引,便于读者查阅。

在遵守用药安全注意事项的前提下，建议读者在使用每一种药物之前，参阅厂家提供的产品说明以确认药物的用量、用法、时间及药物禁忌等。

本手册适用于临床兽医的快速查阅，饲养主人的用药参考，以及各农业大专院校畜牧兽医专业学生的参考用书。

由于编者水平有限，书中不足和错误之处，敬请广大读者批评指正。

编　者

2020 年 5 月

第 2 版前言

随着宠物市场的不断发展，有很多新药进入宠物市场，给宠物市场带来繁荣的同时，也对宠物医生提出了更高的要求。第 2 版在第 1 版的基础上添加了许多最新的药物。

第 2 版是在很多读者和朋友的关心下完成的，改正了同行们发现的一些错误，在此对大家的关心和指正表示感谢。

为了宠物医师用药方便，第 2 版大部分药物新添加了规格，以便使用药时更加方便。

望广大读者继续提出宝贵意见。

编　者

2009 年 10 月

第 1 版前言

本手册涵盖了现今犬猫临床的大部分用药，增加了国外应用于犬猫临床的一些新的药物，其中还包括了一些在临床中应用效果比较好的中成药。

本手册适用于临床兽医的快速查阅，饲养主人的用药参考，以及各农业大专院校畜牧兽医专业学生的参考用书。

本手册在编写过程中力求完善，但由于编写时间仓促及编写人员水平有限，书中的不足和错误之处，敬请广大读者批评指正。

编　者

2007 年 1 月

声　明

兽医科学是一门不断发展的学科。随着学科的不断发展、临床经验的不断完善以及知识与新兽药的不断更新，因此用药方法与用药剂量也要作出相应的调整。在遵守用药安全注意事项的前提下，建议读者在使用每一种药物之前，要参阅厂家提供的产品说明以确认药物的用量、用法、时间及药物禁忌等。医生有权利根据经验和患病动物的情况决定用药量以及相应的治疗方案。在治疗过程中所发生的对患病动物或财产的伤害和损失，出版社和作者不承担任何责任。

出版社

目　　录

一、抗微生物药…………………………………… 1
(一)β-内酰胺类 ……………………………… 1
(二)头孢菌素类 ……………………………… 6
(三)氨基糖苷类……………………………… 11
(四)四环素类………………………………… 14
(五)大环内酯类……………………………… 17
(六)磺胺类…………………………………… 20
(七)氟喹诺酮类……………………………… 23
(八)林可酰胺类……………………………… 26
(九)抗真菌药………………………………… 28
(十)抗病毒药………………………………… 34
(十一)其他抗菌药…………………………… 36
二、抗寄生虫药 ……………………………… 43
(一)驱线虫药………………………………… 43
(二)驱绦虫药………………………………… 48

（三）驱吸虫药……………………………… 50
（四）抗球虫药……………………………… 50
（五）抗梨形虫药…………………………… 51
（六）抗锥虫药……………………………… 53
（七）驱体外寄生虫药……………………… 54
三、中毒解救药 ………………………………… 58
（一）有机磷中毒…………………………… 58
（二）重金属中毒…………………………… 59
（三）氰化物中毒…………………………… 60
（四）药物中毒……………………………… 60
（五）其他中毒……………………………… 64
四、外用药 ……………………………………… 67
（一）环境、器具消毒药 …………………… 67
（二）皮肤黏膜消毒、防腐药 ……………… 69
（三）皮肤黏膜保护药……………………… 74
（四）皮肤黏膜刺激药……………………… 78
（五）皮肤病用药…………………………… 79
（六）眼科用药……………………………… 86
（七）耳科用药……………………………… 97

五、中枢神经用药 …………………………………… 99
(一)全身麻醉药…………………………………… 99
(二)局部麻醉药 ………………………………… 105
(三)骨骼肌松弛药 ……………………………… 107
(四)镇痛剂 ……………………………………… 109
(五)镇静剂 ……………………………………… 116
(六)抗惊厥、抗癫痫药………………………… 122
(七)解热镇痛抗炎药 …………………………… 126
六、内分泌药……………………………………… 132
(一)糖皮质激素 ………………………………… 132
(二)盐皮质激素 ………………………………… 139
(三)肾上腺抑制剂 ……………………………… 139
(四)甲状腺激素 ………………………………… 141
(五)其他激素 …………………………………… 142
七、植物神经系统用药…………………………… 147
(一)拟胆碱药 …………………………………… 147
(二)抗胆碱药 …………………………………… 148
(三)拟肾上腺素药 ……………………………… 151
(四)抗肾上腺素药 ……………………………… 153

八、维生素、微量元素、能量及水盐代谢药 … 156
(一)脂溶性维生素 …… 156
(二)水溶性维生素 …… 159
(三)钙磷与微量元素 …… 164
(四)水、电解质调节药 …… 168
九、心血管系统用药 …… 171
(一)强心药 …… 171
(二)抗心律失常药 …… 173
(三)止血药 …… 180
(四)抗凝血药 …… 182
(五)抗贫血、补血药 …… 184
(六)血容量扩充药 …… 186
(七)降血压药 …… 187
十、消化系统用药 …… 191
(一)助消化药 …… 191
(二)抗酸、胃肠解痉药 …… 193
(三)催吐药 …… 199
(四)止吐药 …… 199
(五)泻药 …… 203

(六)止泻药 …………………………………… 205
(七)肝胆辅助治疗与营养药 ……………… 207
十一、呼吸系统用药………………………… 211
(一)镇咳药 …………………………………… 211
(二)平喘药 …………………………………… 212
(三)祛痰药 …………………………………… 215
十二、生殖系统用药………………………… 217
(一)子宫收缩药 …………………………… 217
(二)雌激素 …………………………………… 218
(三)孕激素 …………………………………… 220
(四)雄激素 …………………………………… 224
(五)促性腺激素 …………………………… 227
(六)前列腺素类药 ………………………… 230
十三、泌尿系统用药………………………… 231
(一)利尿药 …………………………………… 231
(二)脱水药 …………………………………… 235
(三)尿路酸化药 …………………………… 236
(四)尿酸过多用药 ………………………… 236
(五)其他泌尿道用药 ……………………… 237

十四、抗过敏、抗休克药 …………………… 241
(一)抗过敏药 …………………………… 241
(二)抗休克药 …………………………… 245
十五、机体免疫功能调节及抗肿瘤药……… 248
(一)免疫功能增强剂 …………………… 248
(二)免疫抑制剂 ………………………… 249
(三)抗肿瘤药 …………………………… 253
十六、疫苗、血清 ………………………… 267
(一)疫苗 ………………………………… 267
(二)血清 ………………………………… 268
附录 ……………………………………… 270
(一)血常规指标 ………………………… 270
(二)血生化指标 ………………………… 271
(三)犬的体重与体表面积换算表 ……… 272
(四)猫的体重与体表面积换算表 ……… 272
(五)常用处方缩写 ……………………… 273
索引 ……………………………………… 276
参考文献 ………………………………… 307

一、抗微生物药

(一)β-内酰胺类

1. 阿莫西林/羟氨苄青霉素(Amoxicillin)

规格　片剂:50 mg、100 mg、150 mg、200 mg、400 mg

　　　胶囊:250 mg、500 mg

作用　呼吸道、泌尿道、消化道等感染

用法　10～30 mg/kg,p. o. ,q8～12 h

2. 阿莫西林-克拉维酸/速诺(Amoxicillin-Clavulanic Acid)

规格　片剂:2∶1 片——每片 375 mg(阿莫西林 250 mg,克拉维酸 125 mg);

　　　4∶1 片——每片 625 mg(阿莫西林 500 mg,克拉维酸 125 mg)

针剂(静脉滴注):5∶1针——每瓶含1.2 g(阿莫西林1.0 g,克拉维酸200 mg)

糖浆:60 mL

作用　严重的多重细菌感染

用法　12.5～25 mg/kg,p.o.,q8～12 h,连用不超过30 d

8.75 mL/kg,i.m.,s.c.,q24 h,连用不超过30 d

3. 氨苄西林/氨苄青霉素(Ampicillin)

规格　针剂:500 mg、1.0 g、2.0 g

胶囊:250 mg、500 mg

①作用　多重感染、钩端螺旋体

用法　10～20 mg/kg,p.o.,i.v.,s.c.,i.m.,q8～12 h

②作用　败血症、菌血症

用法　20～40 mg/kg,i.v.,q6～8 h

4. 氯唑西林/邻氯青霉素(Cloxacillin)

规格　针剂:500 mg

胶囊:125 mg、250 mg、500 mg

作用　葡萄球菌引起的败血症、化脓性关节炎、脊髓炎

用法　20～40 mg/kg,p. o. ,i. m. ,q12 h,连用2～3 d

5. 哌拉西林(Piperacillin)

规格　针剂:2.25 g、4.5 g

作用　感染

用法　25～50 mg/kg,i. v.(缓慢),q8 h

作用　外耳炎、绿脓杆菌感染

用法　20 mg/kg,s. c. ,q8 h

6. 替卡西林(Ticarcillin)

规格　针剂:3 g 替卡西林和 200 mg 克拉维酸

作用　感染

用法　50～75 mg/kg,i. m. ,i. v. ,q6～8 h

7. 羧苄青霉素/卡比西林/羧苄西林(Carbenicillin)

规格　针剂:500 mg

作用　烧伤、创伤感染,败血症,腹膜炎,呼吸道、泌尿道感染

用法　15～50 mg/kg,i. m. ,i. v. ,q6～8 h

8. 海他西林/缩酮氯苄青霉素(Hetacillin)

规格　片剂:50 mg、100 mg、200 mg

针剂:500 mg、1.0 g

作用　多重感染,钩端螺旋体

用法　犬:20～30 mg/kg,p. o. ,q8 h

10～20 mg/kg,i. v. ,s. c. ,i. m. ,q8～12 h,连用 3～5 d

猫:10～15 mg/kg,p. o. ,q8 h

9. 甲氧苯青霉素/新青霉素I/甲氧西林(Methicillin)

规格　针剂:500 mg、1.0 g

作用　常规葡萄球菌感染

用法　20 mg/kg,i. m. ,i. v. ,q6 h

10. 苯唑青霉素/新青霉素Ⅱ/苯唑西林(Oxacillin)

规格　针剂:500 mg、1.0 g

作用　敏感菌感染

用法　22～40 mg/kg，p. o.，i. v.，i. m.，q8 h，连用 2～3 d

11. 苄星青霉素/长效西林(Benzathine Penicillin)

规格　30 IU、60 IU、120 IU

作用　呼吸道感染、子宫内膜炎、乳腺炎

用法　2～3 IU/kg，i. m.，q48～72 h

12. 替卡西林钠-克拉维酸钾(Ticarcillin-Clavulanate)

规格　针剂:每瓶含替卡西林 3 g，克拉维酸钾 100 mg 或 200 mg

①作用　败血病

用法　犬、猫:40～50 mg/kg，i. v.，i. m.，q4～6 h

②作用　绿脓杆菌感染

用法　犬:20～50 mg/kg，i. v.，q4～6 h

猫:40 mg/kg,i. v. ,q6 h 或 50 mg/kg,
i. v. ,i. m. ,q6 h

(二)头孢菌素类

1. 头孢氨苄/头孢力新/先锋Ⅳ(Cephalexin)

规格　胶囊:125 mg、250 mg
片剂:125 mg、250 mg

①作用　脓皮病
用法　22～35 mg/kg,p. o. ,q12 h

②作用　呼吸系统感染
用法　20～40 mg/kg,p. o. ,q12 h

③作用　软组织感染
用法　30～50 mg/kg,p. o. ,q12 h

④作用　全身感染
用法　25～60 mg/kg,p. o. ,q8 h

⑤作用　子宫蓄脓、子宫炎
用法　10～30 mg/kg,p. o. ,q8～12 h

⑥作用　尿道感染

用法　30～40 mg/kg，p. o. ，q8 h

⑦作用　感染性中耳炎

用法　22 mg/kg，p. o. ，q12 h

2. 头孢噻肟钠/头孢氨噻肟(Cefotaxime Sodium)

规格　针剂：1.0 g

作用　呼吸道、泌尿道、消化道等感染，脑脊髓炎

用法　20～40 mg/kg，i. v. ，i. m. ，s. c. ，q8～12 h

3. 头孢维星(Cefovecin)

规格　针剂：800 mg

作用　皮肤或软组织感染、泌尿道感染

用法　8 mg/kg，s. c. ，1 次，需要时可在 2 周后重复给药，最多 3 次

4. 头孢克肟(Cefixime)

规格　片剂：200 mg、400 mg

口服混悬剂：20 mg/mL

①作用　感染

用法　犬：5 mg/kg，p. o.，q12～24 h

猫：5～12.5 mg/kg，p. o.，q12 h

②作用　泌尿道感染

用法　犬：5 mg/kg，p. o.，q12～24 h，连用7～14 d

③作用　呼吸道、全身感染

用法　犬：12.5 mg/kg，p. o.，q12 h，连用7～14 d

④作用　心内膜感染

用法　犬：10 mg/kg，p. o.，q12 h

5. 头孢噻呋(Ceftiofur)

规格　针剂：1.0 g、4.0 g

作用　尿道严重感染或反复感染

用法　2.2 mg/kg，s. c.，q24 h，连用 5～14 d

6. 头孢他定(Ceftazidime)

规格　针剂：250 mg、500 mg、1.0 g、2.0 g

作用　严重呼吸道、泌尿道、皮肤和软组织等感染

用法　犬、猫：20～50 mg/kg，i. v.，q8～12 h

7. 头孢呋辛/头孢呋肟(Cefuroxime)

规格　针剂:250 mg、750 mg

作用　扁桃腺炎、中耳炎、支气管炎、尿路感染、皮肤感染

用法　犬、猫:10～15 mg/kg,i. v. ,q8～12 h

8. 头孢吡肟(Cefepime)/头孢匹罗(Cefpirome)

规格　针剂:500 mg、1 g、2 g

作用　感染

用法　犬:40 mg/kg,i. v. ,q6 h

9. 头孢曲松/菌必治(Ceftriaxone)

规格　针剂:250 mg、500 mg、1. 0 g

①作用　犬:严重呼吸道、泌尿道、皮肤和软组织等感染

用法　15～50 mg/kg,i. m. ,s. c. ,i. v. ,q24 h

②作用　犬感染性心内膜炎

用法　20 mg/kg,i. v. ,q12 h

③作用　猫:全身感染

用法　25～50 mg/kg,i. v. ,i. m. ,q12 h

10. 头孢羟氨苄(Cefadroxil)

规格　胶囊:125 mg、250 mg、500 mg

①作用　葡萄球菌、脓皮病、传染性中耳炎

用法　11～33 mg/kg,p.o.,q8～12 h,至少 3 d

②作用　泌尿道感染

用法　11～22 mg/kg,p.o.,q8～12 h,至少 7 d

11. 头孢噻吩/头孢菌素Ⅰ(Cephalothin)

规格　针剂:500 mg、1.0 g

作用　呼吸道、泌尿道感染,乳房炎,手术后严重感染

用法　11～33 mg/kg,i.m.,i.v.,q8 h

12. 头孢菌素Ⅴ/先锋Ⅴ/头孢唑啉钠(Cefazolin Sodium)

规格　针剂:1.0 g

①作用　呼吸道、泌尿道、消化道等严重感染,心内膜炎

用法　15～30 mg/kg，i. v.，i. m.，q6～8 h

②作用　牙科手术

用法　20～25 mg/kg，i. v.，手术前 1 h

③作用　急腹症、骨髓炎、败血症

用法　20～25 mg/kg，i. v.，q6～8 h

(三) 氨基糖苷类

1. 阿米卡星/丁胺卡那霉素(Amikacin)

规格　针剂:50 mg/mL(50 mL/瓶)

作用　严重的感染、心内膜炎、骨髓炎、败血症、胃肠炎

用法　犬:15～30 mg/kg，i. m.，i. v.，s. c.，q24 h

猫:10～15 mg/kg，i. m.，i. v.，s. c.，q24 h

2. 硫酸新霉素(Neomycin Sulphate)

规格　片剂:100 mg(10 IU)、250 mg(25 IU)

①作用　大肠杆菌引起的肠炎、葡萄球菌感染

用法　犬:20 mg/kg,p. o. ,q8～12 h
猫:5.5～10 mg/kg,p. o. ,q12 h

②作用　肝性脑病

用法　10～20 mg/kg,稀释后灌肠,q6 h,肾毒性较强,慎用

3. 庆大霉素/正泰霉素(Gentamicin)

规格　片剂:20 mg(2 IU)、40 mg(4 IU)
针剂:80 mg(2 mL)(8 IU);
40 mg(2 mL)(4 IU);
200 mg(5 mL)(20 IU);200 mg(10 mL)(20 IU);400 mg(10 mL)(40 IU)

①作用　严重的细菌感染、骨髓炎

用法　6～8 mg/kg,s. c. ,i. m. ,i. v. (缓慢),q24 h,连用不超过 7 d

②作用　消化道感染

用法　10～15 mg/kg,p. o.

4. 链霉素(Streptomycin)

规格　针剂:750 mg(75 IU)、1.0 g(100 IU)、2.0 g(200 IU)、5.0 g(500 IU)

①作用　钩端螺旋体病、心内膜炎、肺结核

用法　犬:10～25 mg/kg,i. m.,q12 h

②作用　布氏杆菌病

用法　犬:25 mg/kg,i. m.,q24 h,连用14 d

5. 妥布霉素(Tobramycin)

规格　针剂:80 mg(2 mL)

作用　抗绿脓杆菌、产气假单胞菌感染

用法　犬,猫:2 mg/kg,s. c.,i. m.,i. v.(缓慢),q8～12 h

6. 硫酸卡那霉素(Kanamycin Sulfate)

规格　针剂:500 mg(50 IU)、1.0 g(100 IU)、2.0 g(200 IU)

滴眼液:8 mL(40 mg)

作用　革兰氏阴性菌引起的肠炎、呼吸道与泌尿道感染、乳腺炎

用法　10～15 mg/kg，p. o.，q12 h，肾功能差者慎用
5～7 mg/kg，i. m.，q12 h，肾功能差者慎用

7. 大观霉素(Spectinomycin)

规格　针剂：2.0 g
作用　霉形体、巴氏杆菌、沙门氏菌等感染
用法　22 mg/kg，p. o.，q12 h
5～10 mg/kg，i. m.，s. c.，q12 h，连用 5 d

(四)四环素类

1. 金霉素/氯四环素(Chlortetracycline)

规格　口服可溶性粉剂：5%、20%、50%
作用　子宫内膜炎、乳腺炎、眼炎、化脓创
用法　20 mg/kg，p. o.，q8 h
金霉素软膏可外用

2. 多西环素/脱氧土霉素/强力霉素(Doxycycline)

规格　片剂：50 mg、100 mg

①作用　立克次氏体感染、钩端螺旋体、结核病、包柔螺旋体、犬肝簇虫、糜烂性关节炎

用法　10 mg/kg,p. o. ,q24 h

②作用　猫鹦鹉热

用法　5 mg/kg,p. o. ,q12 h,连用 21 d

3. 米诺环素/二甲胺四环素(Minocycline)

规格　胶囊:50 mg

片剂:100 mg

①作用　布氏杆菌病、脊髓炎

用法　犬:25 mg/kg,p. o. ,q12 h,和庆大霉素合用

②作用　立克次氏体感染

用法　犬:10 mg/kg,p. o. ,q12 h,连用 10 d

③作用　泌尿系统及软组织感染

用法　犬:5～10 mg/kg,p. o. ,q12 h,连用 7～14 d

4. 土霉素/地霉素(Oxytetracycline)

规格　片剂:50 mg(5 IU)、125 mg(12.5 IU)、250 mg(25 IU)

针剂:200 mg、1.0 g

作用　血巴尔通体病、胰腺外分泌机能不全、支原体

用法　犬:10～20 mg/kg,p.o.(空腹),q8 h,连用 21 d;7～11 mg/kg,i.m.,s.c.,q24 h,连用 14～21 d

猫:7～11 mg/kg,i.m.,s.c.,q24 h,连用 14～21 d

5. 四环素(Tetracycline)

规格　片剂:125 mg、250 mg

①作用　急性气管炎、支气管炎

用法　犬:15～20 mg/kg,p.o.,q8 h

猫:10 mg/kg,p.o.,q8 h

②作用　胃肠道细菌过度生长、口腔炎

用法　犬:10～22 mg/kg,p.o.,q8～12 h

③作用　布氏杆菌病、慢性钩端螺旋体病、包柔氏螺旋体病

用法　犬：22～50 mg/kg，p. o.，q8 h，连用 28 d

④作用　立克次氏体病

用法　犬：20～22 mg/kg，p. o.，q8 h，连用 14～21 d

猫：15 mg/kg，p. o.，q8 h，连用 21 d

⑤作用　跖骨瘘、肉芽肿、免疫性皮肤病、巩膜外层炎

用法　犬：250～500 mg，p. o.，q8～12 h，与烟酰胺合用

(五)大环内酯类

1. 阿奇霉素(Azithromycin)

规格　片剂：250 mg

颗粒剂：250 mg

胶囊：500 mg

针剂：250 mg、500 mg

①作用　细菌感染

用法　犬：5～10 mg/kg，p. o. ，q24 h

猫：5 mg/kg，p. o. ，q48 h，连用 5～7 d

②作用　脓皮病

用法　10 mg/kg，p. o. ，q24 h，连用 5～10 d

2. 克拉霉素/克拉红霉素(Clarithromycin)

规格　片剂：250 mg

缓释片：500 mg

分散片：250 mg

作用　犬肝簇虫、螺旋杆菌

用法　犬：4～12 mg/kg，p. o. ，q12 h，连用 14～21 d

猫：5～10 mg/kg，p. o. ，q12 h

3. 红霉素/利菌沙/琥乙红霉素(Erythromycin)

规格　肠溶片：125 mg

针剂：25 IU

①作用　敏感菌引起肺炎、子宫炎、乳腺炎、败

血症、细菌性毛囊炎、眼炎

用法　10～20 mg/kg，p. o.，q8～12 h，连用 3～5 d

②作用　胃肠道动力促进剂

用法　0.5～1 mg/kg，p. o.，q8 h

软膏、眼药膏，外用，涂于眼睑内或皮肤上

4. 泰勒菌素(Tylosin)

规格　针剂：200 mg

口服：100 g

①作用　慢性结肠炎、胃肠道细菌过度生长

用法　犬：10～40 mg/kg，p. o.，q12 h，混入食物，连用 14 d 后减量

猫：5～10 mg/kg，p. o.，q12 h，混入食物

②作用　上呼吸道感染

用法　25 mg/kg，p. o.，q8 h 或 6.6～11 mg/kg，i. m.，q12～24 h

③作用　隐孢子虫病

用法　10～20 mg/kg，p. o. ，q12 h，连用 28 d

5. 罗红霉素/严迪(Roxithromycin)

规格　片剂：50 mg、75 mg、100 mg、150 mg

胶囊：50 mg、75 mg、150 mg

颗粒剂：25 mg、50 mg、75 mg、150 mg

作用　革兰氏阳性菌、厌氧菌、支原体等引起的呼吸道、泌尿道等感染

用法　10～20 mg/kg，p. o. ，q8～12 h

(六)磺胺类

1. 磺胺嘧啶(Sulfadiazine)

规格　剂片：500 mg

针剂：400 mg(5 mL)、1. 0 g(10 mL)、5. 0 g(50 mL)

①作用　流行性脑炎、弓形体病、诺卡氏菌病

用法　50～100 mg/kg，i. m. ，i. v. ，p. o. ，q12～24 h，连用 3～5 d

②作用　球虫感染

用法　30 mg/kg，p. o.，q24 h

2. 磺胺二甲氧嘧啶/磺胺地索辛(Sulfadimethoxine)

规格　口服：250 mg

作用　球虫病

用法　50 mg/kg，p. o.，q24 h，1 d，之后 25 mg/kg，p. o.，q24 h，连用 5～20 d

3. 磺胺地索辛-奥美普林(Sulfadimethoxine-Ormetoprim)

规格　片剂：100 mg、200 mg、500 mg、1 g

①作用　细菌性毛囊炎

用法　犬：27.5 mg/kg，p. o.，q24 h，连用 14 d

②作用　球虫病

用法　犬：55 mg/kg，p. o.，q24 h，连用 14～28 d

4. 甲氧苄氨嘧啶-磺胺嘧啶/复方新诺明(Trimethoprim-Sulfadiazine)

规格　片剂：0.48 g(磺胺甲基异噁唑 400 mg

+甲氧卞氨嘧啶 80 mg)

针剂:0.48 g(2 mL)(磺胺甲基异噁唑 400 mg+甲氧卞氨嘧啶 80 mg)

①作用　一般感染

用法　15 mg/kg,p.o.,s.c.,q12 h

②作用　脑(脊)膜炎

用法　15～30 mg/kg,p.o.,i.m.,q12 h

③作用　前列腺炎、尿道炎、上呼吸道疾病

用法　15～30 mg/kg,p.o.,q12 h

④作用　原虫性多发性神经根性神经炎

用法　30 mg/kg,p.o.,q12 h,和乙胺嘧啶合用

⑤作用　弓形体病、球虫病、诺卡氏(放线)菌病、犬肝簇虫

用法　15～30 mg/kg,p.o.,s.c.,q12 h

⑥作用　细菌性毛囊炎

用法　15～30 mg/kg,p.o.,q12 h

⑦作用　卡氏肺囊虫、球虫病

用法　犬:15 mg/kg,p.o.,q12 h

(七)氟喹诺酮类

1. 环丙沙星/特美力/环福星(Ciprofloxacin)

规格　针剂:50 mg(10 mL)、200 mg(10 mL)、100 mg(100 mL)、200 mg(100 mL)、250 mg(100 mL)

作用　广谱抗菌,敏感菌引起的呼吸道、消化道、泌尿道感染

用法　5～15 mg/kg,p. o. ,q12 h
5～7.5 mg/kg,i. m. ,q12 h

2. 恩诺沙星/百病消/拜有利(Enrofloxacin)

规格　50 mg(1 mL)

作用　颅内感染、败血症、前列腺炎、骨髓炎、椎间盘炎、支原体或钩端螺旋体感染、立克次氏体感染

用法　5 mg/kg,i. v. ,s. c. ,q24 h
2.5 mg/kg,p. o. ,q12 h,
5～10 mg/kg,p. o. ,q24 h

3. 二氟沙星/双氟哌酸(Difloxacin)

规格　片剂:15 mg、50 mg、100 mg

　　　针剂:100 mg(1 mL)

作用　多重感染

用法　犬:5～10 mg/kg,p. o.,q24 h,连用3～5 d,最多不超过 30 d

4. 马波沙星/麻佛(Marbofloxacin)

规格　片剂:5 mg、20 mg、80 mg

　　　针剂:2.0 g(100 mL)

作用　呼吸道、泌尿道、生殖道、皮肤等感染

用法　2～5 mg/kg,p. o.,s. c.,i. v.,q24 h 皮肤及软组织治疗,在临床症状消失后2～3 d 停药,泌尿道治疗需用药至少10 d,最长用药时间为 30 d

5. 奥比沙星(Orbifloxacin)

规格　片剂:5.7 mg、22.7 mg、68 mg

作用　多重感染

用法　犬:2.5～7.5 mL/kg,p. o.,q24 h

6. 依巴沙星(Ibafloxacin)

规格　3%口服凝胶,7.5%口服凝胶

作用　感染

用法　15 mg/kg,p. o. ,q24 h 或 0.5 mL/kg,p. o. ,q24 h

7. 诺氟沙星/氟哌酸(Norfloxacin)

规格　胶囊:100 mg、200 mg

软膏:100 mg(10 g)、2.5 g(250 g)

作用　前列腺炎、脑膜炎、肾炎、肺炎、肠炎

用法　犬:11~22 mg/kg,p. o. ,q12 h

8. 氧氟沙星/泰利必妥(Ofloxacin)

规格　片剂:100 mg

针剂:100 mg(100 mL)

作用　呼吸道、消化道、泌尿道、皮肤软组织浅表感染

用法　3~5 mg/kg,i. m. ,i. v. ,q12 h,连续 3~5 d

滴耳液、滴眼液外用,1 滴,q6 h

(八)林可酰胺类

1. 克林霉素/氯洁霉素(Clindamycin)

规格　胶囊:75 mg、150 mg

针剂:600 mg(100 mL)、900 mg(100 mL)、300 mg(2 mL)

粉针剂:600 mg

①作用　支气管炎

用法　犬:10～12.5 mg/kg,p.o.,q12 h

②作用　原虫性、多发性肌炎、神经炎

用法　10 mg/kg,p.o.,q6～8 h

③作用　口腔炎、牙病

用法　10 mg/kg,p.o.,q12 h

④作用　弓形虫病、前列腺炎、犬肝簇虫

用法　10～20 mg/kg,p.o.,i.m.,q12 h,连用3～6周

⑤作用　巴贝斯虫病

用法　12.5 mg/kg,p.o.,q12 h

⑥作用　骨髓炎

用法　11～33 mg/kg,p. o. ,i. m. ,i. v. ,q12 h

⑦作用　细菌性毛囊炎、蜂窝织炎

用法　10 mg/kg,p. o. ,q12 h

2. 林可霉素/洁霉素(Lincomycin)

规格　片剂:250 mg、500 mg

粉剂:100 g∶40 g(4 000 IU)

针剂:300 mg(2 mL)、600 mg(2 mL)、3 g(10 mL)

①作用　皮肤及软组织感染

用法　犬:15 mg/kg,p. o. ,q8 h;或 22 mg/kg,p. o. ,q12 h,连用 21～42 d

猫:11 mg/kg,i. m. ,q12 h;或 22 mg/kg,i. m. ,q24 h,连用 12 d

②作用　全身性感染

用法　犬:22 mg/kg,i. m. ,s. c. ,i. v. ,q24 h,连用不超过 12 d

猫：15 mg/kg，p. o.，q8 h；或 22 mg/kg，p. o.，q12 h，连用不超过 12 d

③作用　菌血症、脓血症

用法　犬：11～22 mg/kg，i. v.，q8 h，连用不超过 12 d

（九）抗真菌药

1. 两性霉素 B/庐山霉素（Amphotericin B）

规格　针剂：5 mg（5 000 U）、25 mg（2. 5 IU）、50 mg（5 IU）

作用　全身性的霉菌病、原藻病、隐球菌病

用法　0. 25～1 mg/kg，溶于 0. 5～1 L 5%葡萄糖溶液，i. v.，超过 4 h 缓慢给药，q24～48 h，总剂量不超过 8 mg/kg，或不使尿素氮和肌酸肝水平升高

2. 克霉唑/抗真菌一号（Clotrimazole）

规格　霜剂：1%～3%

癣药水：1.5%

作用　念珠菌病、真菌性鼻炎等真菌感染

用法　软膏或溶液，外用

3. 恩康唑（Enilconazole）

规格　局部用药：100 mg/mL（10%）液体

作用　鼻曲霉病

用法　5%溶液外用，q8～12 h，连用 7～10 d

4. 氟康唑/大扶康（Fluconazole）

规格　胶囊：50 mg、150 mg

作用　真菌性鼻炎、膀胱炎和口腔炎，全身性真菌病

用法　犬：1.25～2.5 mg/kg，p. o.，i. v.，q12 h；或 2.5～5 mg/kg，p. o.，q24 h，连用 4～8 周

猫：50 mg/只，p. o.，q12 h；或 2.5～5 mg/kg，p. o.，i. v.，q24 h，连用 4～8 周

5. 氟胞嘧啶(Flucytosine)

规格　片剂:250 mg、500 mg

作用　隐球菌病、真菌尿路感染

用法　犬:25～35 mg/kg,p. o. ,q8 h

猫:25～50 mg/kg,p. o. ,q6 h

6. 伊曲康唑(Itraconazole)

规格　片剂:100 mg、200 mg

作用　全身性真菌病、皮肤真菌病、原藻病、真菌性口腔炎或耳炎

用法　犬、猫:5～10 mg/kg,p. o. ,q24 h,连用 4～20 周

7. 霉康灵/酮康唑(Ketoconazole)

规格　片剂:200 mg

乳膏:200 mg(10 g)

①作用　口腔、皮肤真菌病、原藻病,真菌性耳炎,真菌性心肌炎

用法　犬、猫:5～10 mg/kg,p. o. ,q8～12 h,进食后服用

②作用　肾上腺皮质功能亢进

用法　犬:5 mg/kg,p. o. ,q12 h,连用 7 d。若无不良反应,增加剂量到 10 mg/kg,p. o. ,q12 h,连用 14 d。14 d 后进行 ACTH 刺激试验,若未达到抑制效果,可增加至 15～30 mg/kg,p. o. ,q24 h

③作用　利什曼病

用法　10 mg/kg,p. o. ,q8 h,连用 21 d

8. 咪康唑/达克宁(Miconazole/Daktarin)

规格　针剂:200 mg(20 mL)

软膏:400 mg(20 g)

阴道栓剂:100 mg

①作用　皮肤真菌病

用法　外用,q12 h,痊愈后应继续使用 14 d,控制疾病复发

②作用　眼霉菌感染

用法　外用,每日 4～12 次

9. 游霉素/那他霉素(Natamycin)

规格　局部用药 0.01%(W/V)游霉素

作用　眼霉菌感染、皮肤真菌病

用法　软膏、溶液，外用，每日 3～8 次

10. 制霉菌素(Nystatin)

规格　片剂：25 IU、50 IU

软膏：10～20 IU/g

作用　念珠菌病

用法　犬：10 IU，p. o.，q6 h；5～15 IU，p. o.，q8 h

猫：10 IU，p. o.，q6 h

软膏、溶液，外用，q8～12 h，连用 7～14 d

11. 噻苯达唑/噻苯咪唑(Thiabendazole)

规格　片剂：250 mg

①作用　曲霉病、钱癣、皮肤霉菌

用法　犬：100 mg/kg，p. o.，q12 h，连用 8～20 d

②作用　线虫感染

用法　犬：70 mg/kg，p. o.，q12 h，连用 2 d，之后 35 mg/kg，p. o.，q12 h，连用 20 d

12. 益康唑/氯苯咪唑硝酸盐(Econazole)

规格　栓剂：50 mg、150 mg

1%霜剂、酊剂、溶液剂、气雾剂、粉雾剂等

作用　皮肤、黏膜真菌病，阴道真菌感染

用法　外用，q12 h，连用 2～4 周

13. 盐酸特比萘芬/兰美抒(Terbinafine Hydrochloride)

规格　片剂：250 mg

软膏：10 g、15 g

作用　抗真菌、鼻腔曲霉感染

用法　20～40 mg/kg，p. o.，q24 h，软膏外用

14. 灰黄霉素(Griseofulvin)

规格　片剂:100 mg、250 mg

作用　毛发、趾甲、爪等皮肤真菌病

用法　犬:10～30 mg/kg,p. o. ,q12 h,连用4～6 周

猫:25 mg/kg,p. o. ,q12 h,连用 4～6 周

15. 50%环己烯亚胺/克菌丹(Captan powder 50%)

作用　抗真菌

用法　将 2 大勺(约 30 g)溶于 3.5 L 水,外用,每周 2 次;用药后不能清洗

(十)抗病毒药

1. 阿昔洛韦/无环鸟苷(Aciclovir)

规格　胶囊:200 mg

针剂:500 mg

作用　猫疱疹病毒

用法　10～25 mg/kg,p. o. ,q12 h

滴眼液、眼膏,外用,q4～6 h

2. 利巴韦林/病毒唑/三氮唑核苷(Ribavirin)

规格　片剂:20 mg、50 mg、100 mg

针剂:100 mg(1 mL)、250 mg(2 mL)

作用　呼吸道合胞病毒、轮状病毒

用法　20～50 mg/kg,p. o. ,q24 h

5～7 mg/kg,s. c. ,i. m. ,i. v. ,q24 h

滴眼液、滴鼻液,外用

3. 泛昔洛韦(Famciclovir)

规格　片剂/胶囊:125 mg、250 mg、500 mg

作用　猫疱疹病毒

用法　40～65 mg/只,p. o. ,q8～12 h,总剂量不超过 125 mg/d

4. 齐多夫定/叠氮胸苷(Zidovudine)

规格　胶囊:100 mg、250 mg

糖浆:10 mg/mL

注射剂:10 mg/mL

作用　猫白血病、猫艾滋病

用法　猫:5～10 mg/kg,p. o. ,s. c. ,q12 h

(十一)其他抗菌药

1. 利福平(Rifampin)

规格　片剂/胶囊:150 mg、300 mg

滴眼剂:10 mg(10 mL)

作用　结核病

用法　犬:10～15 mg/kg,p. o. ,q24 h

猫:5 mg/kg,p. o. ,q24 h

2. 氯霉素/左霉素(Chloramphenicol)

规格　片剂:250 mg、500 mg

作用　广谱抗菌,呼吸道感染、泌尿道感染、乳房炎、子宫内膜炎、眼炎

用法　犬:25～50 mg/kg,p. o. ,i. m. ,s. c. ,i. v. ,q8～12 h

猫:15～25 mg/kg,p. o. ,q12 h

眼药水:外用滴眼,每日 3～6 次

3. 氯法齐明(Clofazimine)

规格　胶囊:100 mg

作用　分枝杆菌感染、猫麻风病

用法　猫:2～12 mg/kg, p. o. , q24 h, 连用 2～6 个月

4. 甲硝唑/灭滴灵(Metronidazole)

规格　片剂:200 mg

针剂:500 mg(100 mL)

①作用　肝性脑病辅助治疗

用法　犬:20 mg/kg,p. o. ,q8 h

猫:7.5 mg/kg,p. o. ,q8～12 h

②作用　脑膜炎

用法　犬:25～50 mg/kg,p. o. ,q12 h

③作用　口腔炎

用法　15 mg/kg,p. o. ,q8～12 h,之后逐减到 q24 h

④作用　螺旋杆菌

用法　犬：15 mg/kg，p. o.，q8 h

猫：10～15 mg/kg，p. o.，q24 h

⑤作用　胃肠道细菌过度繁殖、急性结肠炎、肛周瘘

用法　犬：7.5～15 mg/kg，p. o.，q8～12 h；或 10 mg/kg，i. v. 超过 30 min

猫：10 mg/kg，p. o.，q24 h

⑥作用　贾第虫属、阿米巴属、毛滴虫属、小袋虫属、巴贝斯虫

用法　犬：15～25 mg/kg，p. o.，q12～24 h，连用 5～7 d

猫：25～65 mg/kg，p. o.，q12～24 h，连用 5～7 d

⑦作用　骨髓炎、蜂窝织炎

用法　15 mg/kg，i. v.，或 25 mg/kg，p. o.，q12 h

⑧作用　脂肪肝

用法　猫：25～30 mg/kg，p. o.，q12 h，连用

2～3 周

⑨作用　化脓性胆囊炎

用法　犬：25～30 mg/kg，p. o.，q12 h，连用 4～6 周

⑩作用　淋巴/浆细胞性肠炎

用法　犬：10～30 mg/kg，p. o.，q8～12 h，连用 2～4 周

5. 硫酸多黏菌素(Polymyxin)

规格　硫酸黏菌素可溶性粉 100 g：2.0 g (6 000 IU)

注射用多黏菌素 B：50 mg(50 IU)

作用　绿脓杆菌引起的烧伤感染等

用法　2 mg/kg，p. o.，q8 h

0.5～1 mg/kg，i. m.，q12 h

6. 呋喃唑酮/痢特灵(Furazolidone)

规格　片剂：100 mg

①作用　阿米巴原虫引起的结肠炎

用法　2.2 mg/kg，p.o.，q8 h，连用 7 d

②作用　贾第鞭毛虫感染

用法　4 mg/kg，p.o.，q12 h，连用 7 d

③作用　球虫感染

用法　8～20 mg/kg，p.o.，q24 h，连用 7 d

7. 呋喃妥因/呋喃坦啶(Nitrofurantoin)

规格　片剂：50 mg、100 mg

作用　泌尿道感染

用法　4 mg/kg，p.o.，q8 h

8. 亚胺培南(Imipenem)

规格　针剂：1.0 g/瓶(亚胺培南 500 mg＋西司他丁 500 mg)

作用　感染、败血症

用法　5～10 mg/kg，i.v.，i.m.，s.c.，q8 h

9. 美罗培南(Meropenem)

规格　注射剂：500 mg、1.0 g

①作用　败血症

用法　24 mg/kg,i. v. ,q24 h 或 12 mg/kg,s. c. ,q8 h

②作用　泌尿道感染

用法　12 mg/kg,s. c. ,q12 h

③作用　中枢神经感染

用法　40 mg/kg,i. v. ,s. c. ,q8 h,最高剂量 2 g

10. 乌洛托品/六亚甲基四胺(Urotropine)

规格　0.3 g

作用　尿路感染

用法　0.5～2.0 g/只,p. o. ,i. v. ,q24 h

11. 替硝唑/砜硝唑(Tinidazole)

规格　胶囊:500 mg

片剂:250 mg、500 mg

针剂:400 mg(200 mL)

作用　胃炎、厌氧菌感染

用法　犬:15～25 mg/kg,p. o. ,q12 h,连用 7 d

猫:15 mg/kg,p. o. ,q24 h,连用 7 d

12. 万古霉素/凡可霉素(Vancomycin)

规格　针剂:500 mg

①作用　胃肠道细菌过度生长

用法　10～20 mg/kg,p. o. ,q24 h,连用5～7 d

②作用　皮肤、尿道感染,软组织感染

用法　10～20 mg/kg,i. v. ,q12 h,连用7～10 d

二、抗寄生虫药

(一)驱线虫药

1. 丙硫咪唑/阿苯达唑/肠虫清片(Albendazole)

规格　片剂:25 mg、50 mg、200 mg、500 mg

作用　肠道线虫、蛔虫、钩虫、绦虫、吸虫等

用法　25～50 mg/kg,p. o. ,q12 h,连用 7～14 d

2. 乙胺嗪/灭丝净(Diethylcarbamazine)

规格　片剂:50 mg、100 mg

①作用　心丝虫

用法　预防:犬:6. 6 mg/kg,p. o. ,q24 h

治疗:50 mg/kg,p. o.

②作用　蛔虫

用法　猫:55～110 mg/kg,p. o.

3. 甲苯咪唑/甲苯达唑(Mebendazole)

规格　片剂:100 mg

作用　蛔虫、钩虫、绦虫

用法　20～30 mg/kg,p. o. 随餐,q24 h,连用 5 d

4. 芬苯达唑/硫苯咪唑(Fenbendazole)

规格　片剂:100 mg

　　　粉剂:100 g(5 g)

①作用　毛细线虫属、猫圆线虫属

用法　犬:50 mg/kg,p. o. ,q24 h,连用 3～10 d

　　　猫:25 mg/kg,p. o. ,q12 h,连用 3～30 d

②作用　钩虫、鞭虫、蛔虫、绦虫

用法　犬:50 mg/kg,p. o. ,q24 h,连用 3 d,5 周后重复给药 1 次

③作用　并殖吸虫、胰内吸虫

用法　犬:50 mg/kg,p. o. ,q24 h,连用 3～6 d

　　　猫:30 mg/kg,p. o. ,q24 h,连用 3～6 d

④作用　狐环体线虫、犬贾第虫、滴虫病

用法　犬:50 mg/kg,p. o. ,q24 h,连用 3～7 d

5. 噻苯达唑/噻苯咪唑(Thiabendazole)

(见抗真菌药)

6. 非班太尔复合剂/拜宠清(Compound Febantel)

规格　片剂:0. 66 g

作用　蛔虫、钩虫、鞭虫、绦虫

用法　0. 66 g/10 kg,p. o.

7. 伊维菌素(Ivermectin)

规格　针剂:10 mg(1 mL)(1 IU)、
20 mg(2 mL)(2 IU)、
50 mg(5 mL)(5 IU)、
500 mg(50 mL)(50 IU)、
1. 0 g(100 mL)(100 IU)

(不能用在柯利犬或英国、澳大利亚牧羊犬)

①作用　犬心丝虫预防

用法　犬:6～12 μg/kg,p. o. ,每个月 1 次
猫:24 μg/kg,p. o. ,每个月 1 次

②作用　微丝蚴血症

用法　犬：50 μg/kg，p. o. ，10 d 后重复 1 次

猫：24 μg/kg，p. o.

③作用　肺棘螨属、毛细线虫属、类圆线虫、猫圆线虫属

用法　犬：0. 2～0. 3 mg/kg，p. o. ，s. c. ，3 周后重复

猫：0. 2 mg/kg，p. o.

④作用　颅内黄蝇属感染

用法　0. 4 mg/kg，s. c. ，q24 h，连用 3 d

⑤作用　犬食道线虫病

用法　犬：0. 2 mg/kg，p. o. ，1 次

⑥作用　姬螯螨属、疥螨、蠕形螨、虱病

用法　犬：0. 2～0. 3 mg/kg，p. o. ，s. c. ，2 周后重复

猫：0. 2～0. 4 mg/kg，s. c. ，2 周后重复

⑦作用　脂螨病

用法　犬：0. 05 mg/kg，p. o. ，之后每日增加

0.05 mg/kg，直到 0.4～0.6 mg/kg，p.o.，q24 h，连用 30 d

8. 左旋咪唑/左咪唑(Levamisole)

规格　片剂：25 mg、50 mg

①作用　毛细线虫属等广谱驱蠕虫

用法　犬：8～12 mg/kg，p.o.，q24 h，连用 5～30 d

②作用　复发性细菌毛囊炎

用法　犬：2.2 mg/kg，p.o.，q48 h

③作用　慢性脓皮病辅助治疗

用法　犬：0.5～1.5 mg/kg，p.o.，q48 h

④作用　免疫增强剂、嗜酸性肉芽肿、猫口炎

用法　犬：0.5～2.2 mg/kg，p.o.，q24 h，连用 3 d

猫：2.5 mg/kg，p.o.，q24 h，连用 3 d

9. 美拉索明(Melarsomine)

规格　注射剂：50 mg/mL

作用　杀心丝虫成虫

用法　犬:2.5 mg/kg,i.m.,q24 h,连用 2 d,30 d 后再给 2 次药,每次间隔 24 h

10. 敌敌畏缓释剂(Dichlorvos)

规格　敌敌畏乳油:250 g(500 mL)、400 g(500 mL)

作用　蛔虫、钩虫、鞭虫

用法　11～22 mg/kg,p.o.,3 周内重复给药

11. 多拉菌素(Doramection)

规格　注射剂:10 mg/mL

作用　全身性蠕形螨

用法　犬、猫:600 μg/kg,s.c.,每周 1 次,连用 4 周

(二)驱绦虫药

1. 盐酸丁萘脒(Bunamidine Hydrochloride)

规格　片剂:100 mg、200 mg

作用　绦虫

用法　25～50 mg/kg,6 周后可重复给药,投药前、后 3 h 禁食、禁水

2. 依西太尔(Epsiprantel)

规格　片剂:12.5 mg、25 mg、50 mg、100 mg

作用　复孔绦虫

用法　犬:5 mg/kg,p.o.

猫:2.5 mg/kg,p.o.

3. 吡喹酮/环吡异喹酮(Praziquantel)

规格　片剂:200 mg、500 mg

针剂:0.568 g(10 mL)、2.84 g(50 mL)

①作用　绦虫

用法　2.5～5 mg/kg,p.o.,i.m.,s.c.

②作用　胰内吸虫

用法　猫:40 mg/kg,p.o.,q24 h,连用 3 d

③作用　片形吸虫属

用法　犬:10～30 mg/kg,p.o.,s.c.,1 次

④作用　肺吸虫

用法　犬:25～50 mg/kg,p.o.,i.m.,s.c.,连用 3 d

(三)驱吸虫药

1. 吡喹酮/环吡异喹酮(Praziquantel)

(见驱绦虫药)

2. 丙硫咪唑/阿苯达唑/肠虫清片(Albendazole)

(见驱线虫药)

3. 芬苯达唑/硫苯咪唑(Fenbendazole)

(见驱线虫药)

(四)抗球虫药

1. 氨丙啉/安普罗铵(Amprolium)

规格　可溶性粉剂:30 g(6 g)

作用　抗球虫

用法　犬:100～200 mg/kg,拌食,p. o.,q24 h,连用7～10 d

猫:60～100 mg/kg,拌食,p. o.,q24 h,连用5 d

2. 磺胺二甲氧嘧啶/磺胺地索辛(Sulfadimethoxine)

（见抗微生物药磺胺类）

3. 磺胺嘧啶(Sulfadiazine)

（见抗微生物药磺胺类）

4. 呋喃唑酮/痢特灵(Furazolidone)

（见抗微生物药其他抗菌药）

5. 乙胺嘧啶(Pyrimethamine)

规格　片剂:25 mg

作用　弓形体病、犬肝簇虫、心包虫

用法　1 mg/kg, p. o. , q24 h, 连用 3 d, 之后 0.5 mg/kg, p. o. , q24 h

(五)抗梨形虫药

1. 乙酰甘氨酸重氮氨苯脒/三氮脒(Diminazene Aceturate)

规格　针剂:1.0 g

作用　巴贝斯虫病

用法　犬：3.5～5 mg/kg，i. m.，1次，控制剂量，防止中毒

2. 咪多卡/咪唑苯脲（Imidocarb）

规格　注射剂：120 mg/mL

作用　巴贝斯虫、埃里希体、犬肝簇虫、梨形虫

用法　犬：5～7.5 mg/kg，i. m.，s. c.，14 d后重复1次

猫：3～4 mg/kg，i. m.，14 d后重复1次

3. 替硝唑/砜硝唑（Tinidazole）

规格　胶囊：500 mg

片剂：250 mg、500 mg

针剂：400 mg(200 mL)

作用　贾第鞭毛虫

用法　犬：44 mg/kg，p. o.，q24 h，连用6 d

4. 甲硝唑/灭滴灵（Metronidazole）

（见抗微生物药其他抗菌药）

5. 克林霉素/氯洁霉素(Clindamycin)

(见抗微生物药林可酰胺类药)

6. 阿托伐醌(Atovaquone)

规格　口服液:150 mg/mL

①作用　吉氏巴贝斯虫感染

用法　犬:13.3 mg/kg,p.o.,q8 h,和阿奇霉素(10 mg/kg p.o. q8 h)合用,连用 10 d

②作用　肺孢子虫病

用法　犬:15 mg/kg,p.o.,q24 h,连用 21 d

③作用　猫胞裂虫病

用法　猫:15 mg/kg,p.o.,q8 h,与阿奇霉素(10 mg/kg,p.o.,q8 h)联用

(六)抗锥虫药

1. 锑酸葡胺/葡甲胺锑(Meglumine Antimonite)

规格　注射液:1.5 g/5 mL

作用　利什曼原虫

用法　犬：100～200 mg/kg，i. v.，s. c.，q24～48 h，连用3～4周；或10 mg/kg，p. o.，q12 h，和别嘌呤醇合用6～12个月

2. 米替福新(Miltefosine)

规格　口服液：20 mg/mL

作用　利什曼原虫

用法　犬：2 mg/kg，p. o.，q24 h，连用28 d，随餐

3. 葡萄糖酸锑钠(Sodium Stibogluconate)

规格　注射液：1.5 g/5 mL

作用　利什曼病

用法　犬：30～50 mg/kg，s. c.，q24 h，连用3～4周

(七)驱体外寄生虫药

1. 阿米曲士/双甲脒(Amitraz)

规格　外用制剂：5%(W/V)浓缩液

滴剂：150 mg/mL

作用　疥螨、脂螨性兽疥癣

用法　犬：1.5 mL/L，洗浴风干，每 2 周 1 次，连用 3～6 次

猫：0.7 mL/L，洗浴风干，每 2 周 1 次，连用 3～6 次

2. 吡虫啉(Imidacloprid)

规格　0.4 mL、1 mL、2.5 mL、4 mL

作用　杀跳蚤成虫剂

用法　1 mL/10 kg，滴于皮肤，外用，每个月 1 次

3. 伊维菌素(Ivermection)

(见驱线虫药)

4. 氯芬奴隆/氯芬新(Lufenuron)

规格　片剂：67.8 mg、204.9 mg、409.8 mg

①作用　皮肤真菌病

用法　50～100 mg/kg，p.o.，q14 d，2 个疗程后每个月 1 次

②作用　跳蚤生长抑制剂

用法　犬:10 mg/kg,p.o.,每个月 1 次

猫:30 mg/kg,p.o.,每个月 1 次

5. 非泼罗尼/福来恩(Fipronil)

规格　喷射剂:250 mg(100 mL)、0.625 g (250 mL)

①作用　耳螨

用法　每只耳朵 2 滴,2 周后重复 1 次

②作用　疥螨、蠕形螨

用法　喷雾,1 mL/kg,外用 1～2 个疗程,间隔 2～4 周

③作用　杀跳蚤成虫

用法　喷雾或滴洒,1 mL/kg,外用,每个月 1 次

6. 塞拉菌素/大宠爱(Selamectin)

规格　滴剂:6%、12%

①作用　犬心丝虫预防

用法　6 mg/kg,外用,每个月 1 次

②作用　疥螨

用法　6～12 mg/kg，外用，每 2～4 周 1 次，连用 1～3 个疗程

③作用　耳螨

用法　耳道内滴，每个月 1 次，连用 1～2 个疗程

④作用　杀跳蚤成虫剂

用法　外用，每个月 1 次

三、中毒解救药

(一)有机磷中毒

1. 硫酸阿托品(Atropine SO_4)

规格　片剂:0.4 mg

针剂:0.5 mg(1 mL)、1 mg(2 mL)、5 mg(1 mL)

作用　有机磷中毒

用法　犬:0.2～2 mg/kg,1/4 i.v.,3/4 s.c.,i.m.

猫:0.25～0.5 mg/kg,1/4 i.v.,3/4 s.c.,i.m.

2. 解磷定(Pralidoxime)

规格　针剂:1 g

作用　有机磷酸盐中毒

用法　20～50 mg/kg，i. v.（缓慢），i. m.，s. c.，可重复给药

（二）重金属中毒

1. 去铁胺/去铁敏（Deferoxamine）

规格　针剂：500 mg

作用　铁中毒

用法　40 mg/kg，i. m.，q4～8 h；或 15 mg/(kg·h)，i. v.，连用 1～2 d

2. 二巯丙醇（Dimercaprol）

规格　针剂：100 mg（1 mL）、200 mg（2 mL）、500 mg（5 mL）

作用　砷中毒

用法　3～5 mg/kg，i. m.，q4～6 h，连用 5 d

3. 二巯丁二酸/二硫琥珀酸（Succimer）

规格　针剂：500 mg、1.0 g

作用　锑、汞、铅和砷中毒

用法　犬：20 mg/kg，i. v.，生理盐水稀释到

5%～10%溶液，q8 h，连用 10 d

猫：10 mg/kg，p. o.，q8 h，连用 5 d，之后 10 mg/kg，q12 h，连用 14 d

(三)氰化物中毒

亚甲蓝/美蓝(Methylthioninium Chloride)

规格　针剂：20 mg(2 mL)、50 mg(5 mL)、100 mg(10 mL)

作用　氰化物、亚硝酸盐中毒

用法　5～10 mg/kg，i. v.，氰化物中毒

1～2 mg/kg，i. v.，亚硝酸盐中毒

(四)药物中毒

1. 乙酰半胱氨酸/痰易净(Acetylcysteine)

规格　喷雾剂：500 mg、1.0 g

①作用　对乙酰氨基酚(扑热息痛)中毒

用法　犬、猫：初始剂量 140 mg/kg，p. o.，之后 70 mg/kg，p. o.，q6 h，持

续给药 7 次。

②作用　退行性脊髓神经病变

　用法　25 mg/kg，q8 h，连用 14 d

2. 乙酰丙嗪/静安舒(Acetylpromazine)

规格　片剂：5 mg、10 mg、25 mg

　　　针剂：20 mg(2 mL)

作用　安非他命中毒

用法　0.05～1 mg/kg，i.v.，i.m.，s.c.，谨慎用药

3. 抗坏血酸/维生素 C(Ascorbic Acid)

(见水溶性维生素)

4. 阿替美唑(Atipamezole)

规格　注射液：50 mg(10 mL)

①作用　阿米曲士中毒

　用法　犬：0.05 mg/kg，i.m.，q30 min，遵照医嘱

②作用　拮抗右美托咪定

　用法　0.2 mg/kg，i.m.，i.v.

5. 20%乙醇(Ethanol 20%)

作用　乙二醇中毒

用法　犬:5.5 mL/kg,i.v.,q4 h,连用5次,之后q6 h,连用4次

猫:5 mL/kg,i.v.,q6 h,连用5次,之后q8 h,连用4次

6. 烟酰胺(Nicotinamide)

规格　片剂:50 mg、100 mg

针剂:50 mg(1 mL)、100 mg(1 mL)

作用　灭鼠优、吡甲硝苯脲(杀鼠药)中毒

用法　50～100 mg,i.m.,连用14 d

7. 硫酸鱼精蛋白(Protamine Sulfate)

规格　针剂:50 mg(5 mL)

作用　肝素拮抗物

用法　犬:1 mg,中和100 U肝素

8. 甲吡唑(Fomepizole)

规格　注射剂:1 g/mL

作用　乙二醇中毒

用法　犬：初始剂量 20 mg/kg，i. v.；分别在 12 h、24 h 之后 15 mg/kg，i. v.；36 h 后 5 mg/kg，i. v.

猫：初始剂量 125 mg/kg，i. v.；分别在 12 h、24 h、36 h 后 31.25 mg/kg，i. v.，需在误食后 3 h 内给药，否则无效

9. 考来烯胺(Cholestyramine)

规格　粉剂：4 g

作用　地高辛中毒

用法　犬：200～300 mg/kg，p. o.，q12 h

10. 纳洛酮/丙烯吗啡酮(Naloxone)

规格　针剂：0.4 mg(1 mL)、4 mg(10 mL)

①作用　吗啡中毒

用法　0.015～0.04 mg/kg，i. m.，i. v.，q2～3 min，到产生效果

②作用　自我伤害行为

用法　犬：20 mg/只，s. c.

(五)其他中毒

1. 阿朴吗啡/去水吗啡(Apomorphine)

规格　注射液:20 mg(2 mL)、30 mg(3 mL)

作用　催吐

用法　犬:0.04 mg/kg,i. v.;或 0.08 mg/kg,i. m.,s. c.;或压碎少量加入结膜囊

2. 3%过氧化氢(Hydrogen Peroxide 3%)

规格　溶液剂:500 mL/瓶、100 mL/瓶

作用　催吐剂

用法　1.5 mL/kg,p. o.,犬不超过 45 mL,猫不超过 10 mL,连用 1~2 次

3. 吐根(Ipecac)

作用　催吐

用法　1~2 mL/kg,p. o.

4. 氢氧化镁(Magnesium Hydroxide)

规格　口服剂:400 mg/5 mL、800 mg/5 mL、

1 200 mg/5 mL

片剂:311 mg、400 mg

作用　酸性中毒解救药、缓泻剂

用法　5～15 mL/只,p. o. ,q12～24 h

5. 活性医用炭(Charcoal Activated)

作用　中毒时的吸附剂

用法　每5 mL水最少加1.0 g炭,10 mL/kg,p. o.

6. 苯海拉明/可他敏(Diphenhydramine)

规格　片剂:25 mg、50 mg

针剂:20 mg(1 mL)

乳膏:20 g

作用　烟碱性受体过多(尼古丁中毒)

用法　犬:1～4 mg/kg,p. o. ,q8 h

7. 愈创木酚甘油醚(Glyceryl Guaiacolate)

规格　注射液:50 mg/mL

作用　中毒时肌肉松弛药

用法　110 mg/kg,i. v. ,遵照医嘱

8. 美索巴莫/舒筋灵(Methocarbamol)

规格　针剂:500 mg(5 mL)

①作用　椎间盘疾病时肌肉松弛

用法　犬:15～20 mg/kg,p. o. ,q8 h

②作用　中毒、中暑时的肌肉松弛

用法　犬:50～150 mg/kg,i. v. ,每日最大剂量 330 mg/kg

9. 赛拉嗪/隆朋/麻保静(Xylazine/Rompun)

规格　注射剂:20 mg/mL、100 mg/mL

①作用　镇静,某些中毒的肌肉松弛剂

用法　1 mg/kg,i. m. ,i. v.

②作用　催吐剂

用法　猫:0. 44 mg/kg,i. m.

四、外 用 药

(一)环境、器具消毒药

1. 苯酚/石炭酸(Phenol)

作用　2%～5%溶液用于手术器械消毒，忌与碘、溴、高锰酸钾等合用

2. 煤酚皂溶液/来苏儿(Cresol)

作用　1%～2%溶液用于体表、手、器械消毒；5%溶液用于环境消毒

3. 氢氧化钠/苛性钠/烧碱(Sodium Hydroxide)

作用　2%～5%溶液喷洒，用于环境消毒、杀菌、灭虫卵

4. 氧化钙/生石灰(Calcium Chloride)

作用　干粉撒于圈舍，用于环境消毒

5. 碘伏/强力碘(Iodophor)

作用　5%溶液用于圈舍消毒

6. 复合碘溶液/雅好生

作用　1%～3%溶液用于圈舍、屠宰间消毒；
0.5%～1%溶液用于器械消毒

7. 漂白粉/含氯石灰(Chlorinated Lime)

作用　5%～20%混悬液喷洒，也可用干粉撒布；
0.3～1.5 g/L 水饮水消毒；

8. 过氧乙酸/过醋酸(Peracetic Acid)

作用　0.5%溶液用于犬舍消毒；
1%溶液用于呕吐物和排泄物的消毒

9. 菌毒清/辛氨乙甘酸溶液(Octicin Solution)

作用　1%溶液用于犬舍消毒

10. 复合酚/菌毒敌/农乐

作用　0.35%～1%溶液用于环境消毒

11. 复方煤焦油酸溶液/农福

作用　1%～3%溶液用于环境、器具消毒

(二)皮肤黏膜消毒、防腐药

1. 70%乙醇溶液(Alcohol 70%)

作用　70%溶液用于皮肤、手指、器械消毒，不用于黏膜消毒

2. 苯氧乙醇(Phenoxyethanol)

作用　杀灭绿脓杆菌；

皮肤表面创伤、灼伤和脓疡

3. 硼酸(Boric Acid)

作用　2%～4%溶液冲洗口、眼黏膜；

3%～5%溶液冲洗新鲜创伤；

硼酸软膏、硼酸甘油、硼酸磺胺粉治疗；

溃疡、创伤、褥疮等

4. 碘酊(Iodine Tincture)

作用　2%溶液用于皮肤消毒；

10%溶液刺激组织，治疗关节炎、腱鞘炎、骨膜炎等

5. 碘甘油(Iodine Glycerol)

作用　5%涂布于黏膜表面，治疗口、舌、齿龈、阴道等黏膜炎症或溃疡

6. 碘仿/三碘甲烷(Iodoform)

作用　3%～10%碘仿醚溶液，用于深部瘘管、关节炎、蜂窝织炎；

4%～6%溶液用于深部感染创伤；

5%～10%软膏、碘仿硼酸粉(1∶9)、碘仿磺胺粉(1∶9)，用于创伤、溃疡

7. 聚维酮碘/吡咯烷酮碘(Povidone Iodine)

作用　0.5%溶液作为喷雾剂外用；

1%洗剂和软膏剂，0.75%溶液用于术部消毒

8. 爱迪伏消毒液

作用　0.3%本品稀释20～80倍，0.7%本品稀释100～200倍液用于环境、用具、器械、术部、手臂、黏膜等消毒

9. 百菌清/碘酸混合液

作用　1：(100～300)倍液用于病毒消毒；

1：300 倍液用于创伤消毒；

1：(400～600)倍液用于圈舍消毒；

1：2 500 倍液用于饮水消毒

10. 氯胺/氯亚明(Chloramine)

作用　0.2%～0.3%用于黏膜消毒；

0.5%～2%用于皮肤或创伤消毒；

3%用于排泄物消毒

11. 硫柳汞/硫汞柳酸钠(Thimerosal)

作用　0.1%溶液用于皮肤消毒；

0.02%溶液用于黏膜消毒

12. 氯化氨基汞/白降汞(Ammoniated Mercury)

作用　1%软膏治疗慢性结膜炎；

5%～10%软膏治疗皮肤化脓性感染、霉菌性皮肤病

13. 硝甲酚汞/米他芬(Nitromersol)

作用　0.01%～0.02%溶液用于冲洗眼结膜、创伤、膀胱、尿道

14. 黄氧化汞/黄降汞(Hydrargyri Oxdium Flavum)

作用　1%眼膏眼用；
1%～1.5%涂抹皮肤,治疗骨髓炎

15. 甲紫/龙胆紫/紫药水(Methylrosanilinium Chloride)

作用　1%～3%水溶液或醇溶液用于治疗皮肤、黏膜、创伤感染或溃疡；
1%水溶液用于治疗烧伤

16. 雷佛奴尔/利凡诺(Ethacridine)

作用　0.1%～0.5%溶液用于冲洗创面、溃疡、子宫、阴道；
1%～3%软膏用于创面消炎

17. 高锰酸钾/过氧化锰(Potassium Permanganate)

作用　0.1%溶液用于冲洗黏膜、创面、溃疡；
0.02%溶液用于冲洗膀胱、阴道、子宫

18. 过氧化氢溶液/双氧水(Hydrogen Peroxide)

作用　1%～3%溶液用于冲洗化脓创面；

0.3%～1%溶液用于冲洗口腔黏膜

19. 新洁尔灭/溴苄烷铵(Benzalkonium Bromide)

作用　0.01%～0.05%溶液用于冲洗膀胱、阴道、子宫、深部感染创伤；

0.1%溶液用于手臂、术部皮肤、器械等消毒

20. 洗必泰/双氯苯双胍己烷(Chlorhexidine)

作用　0.02%溶液用于皮肤、手臂消毒；

0.05%溶液用于创面消毒

21. 消毒净(Myristylpicolinum Bromide)

作用　0.05%溶液用于冲洗黏膜；

0.1%溶液用于皮肤、手臂消毒

22. 度米芬/消毒宁(Domiphen Bromide)

作用　0.02%～1%溶液用于皮肤、黏膜及局部湿敷

23. 创必龙/曲比氯胺(Triclobisonium Chloride)

作用　0.1%乳剂或0.1%油膏用于防治烧伤后感染、术后创口感染及白色念珠菌感染

24. 露它净

作用　1%～1.5%溶液用于黏膜消毒；10%～36%溶液用于患部涂敷

(三)皮肤黏膜保护药

1. 痱子粉/氧化锌滑石粉/氧化锌软膏(Zinc Oxide)

作用　皮炎、湿疹、保护创面

用法　撒布、涂抹

2. 复方醋酸铅散/复方醋酸铅液(Plumbi Acetas)

作用　消除体表急性炎症

用法　湿敷

3. 鞣酸软膏/鞣酸甘油(Tannic Acid)

作用　体表溃疡、创面、口腔黏膜

用法　1%～10%溶液或软膏冲洗或涂抹

4. 1%硝酸银溶液(Silver Nitrate Cream 1%)

作用　急性结膜炎、烧伤、湿疹

用法　0.5%～1%溶液点眼,q8 h;

3%～5%用于烧伤、糜烂性湿疹

5. 硫酸钾铝/明矾(Aluminum Potassium Sulfate)

作用　口、咽、黏膜炎症

用法　0.5%～4%溶液喷雾或棉签蘸涂

6. 蛋白银(Argentoprotein)

作用　鼻炎、结膜炎

用法　0.5%～3%强蛋白银或10%～25%弱蛋白银,点眼或喷雾

7. 淀粉(Starch)

作用　减少药物刺激

用法　1～5 g/只,p.o.;或1%～5%黏浆剂灌肠

8. 火棉胶(Collodium)

作用　单用或配合防腐药使用

用法　涂布患部,q12 h,不需包扎

9. 阿拉伯胶(Acacia)

作用　黏膜表面保护剂

用法　1～3 g/只，p. o.

10. 甲基纤维素(Methylcellulose)

作用　乳化剂、助悬剂、缓泻剂

用法　犬：0.5～5 g/只，p. o.，缓泻

猫：0.5～1.0 g/只，p. o.，缓泻

11. 羟甲基纤维素钠(Odium Cellulose Glycolate)

（见甲基纤维素）

12. 植物油(Seed Fat)

作用　防止皮肤干裂

用法　皮肤涂抹

13. 凡士林(Vaseline)

作用　润滑、软化皮肤，防止外来刺激

用法　皮肤涂抹

14. 羊毛脂(Lanolin)

作用　增加药物皮肤吸收

用法　皮肤涂抹

15. 甘油软膏(Glycerol)

作用　防止便秘和皮肤干裂

用法　2～10 mL 灌肠，皮肤涂抹

16. 软皂(Soft Soap)

作用　防止便秘

用法　100～200 mL 灌肠

17. 白陶土敷剂(Kaolin)

作用　创伤、糜烂性湿疹、关节炎

用法　撒布，热敷

18. 药用炭/活性炭(Activated Carbon)

作用　中毒时的吸附剂

用法　最少 1.0 g 炭 5 mL 水，10 mL/kg，p. o.

19. 二甲基亚砜(Dimethyl Sulfoxide)

作用　增加皮肤对药物吸收，消炎、止痒、镇静、止痛、促进伤口愈合

用法　皮肤涂抹，q8～12 h，每日最大用量不超过 20 mL

(四)皮肤黏膜刺激药

1. 氨搽剂/浓氨溶液(Amonia)

规格　10%氨溶液:将浓氨溶液 44 mL 加水稀释至 100 mL;
0.5%氨溶液:取浓氨溶液 25 mL 加水稀释至 5 L

作用　慢性炎症如关节炎、腱鞘炎等

用法　10%溶液或氨搽剂局部皮肤外用

2. 松节油擦剂(Turpentine Oil)

规格　由松节油 65 mL、软皂 7.5 g、樟脑 5 g 加蒸馏水至 100 mL

作用　关节炎、肌腱炎等缓解疼痛,消除炎症

用法　局部涂抹、热敷

3. 樟脑醑/氨制樟脑搽剂(Camphor)

规格　10%的樟脑酒精溶液

作用　风湿、关节炎、肌腱炎、蜂窝织炎、挫伤等

用法　皮肤局部涂抹

4. 斑蝥软膏(Cantharidin)

作用　关节炎、肌腱炎等慢性炎症

用法　皮肤局部涂抹

5. 薄荷脑/薄荷醇(Menthol)

①作用　局部消炎、止痛、抗菌

用法　皮肤局部涂抹

②作用　喉头炎、气管炎、支气管炎

用法　0.1～1 mL/只,溶于液体石蜡后注入气管

③作用　健胃、止酵、镇痛

用法　0.1～200 mg/只,p. o.

6. 红碘化汞软膏(Mercury Biniodide)

作用　皮肤、关节、肌腱等慢性炎症

用法　5%～20%软膏局部涂抹

(五)皮肤病用药

1. 阿昔曲丁(Acitretin)

规格　胶囊:10 mg、25 mg

作用　角质缺损、皮脂淋巴腺炎、角化棘皮瘤

用法　犬：0.5～1 mg/kg，p.o.，q24 h

猫：10 mg/只，p.o.，q24 h

2. 维 A 酸(Tretinoin)

作用　犬、猫的粉刺、鼻镜过度角质化

用法　外用，q24～48 h

3. 阿米替林(Amitriptyline)

规格　片剂：10 mg、25 mg、50 mg、75 mg、100 mg、150 mg

①作用　舔食性皮肤病、过敏性皮炎

用法　犬：1～2 mg/kg，p.o.，q12 h

猫：5～10 mg/只，p.o.，q24 h

②作用　神经性疼痛

用法　犬：1～2 mg/kg，p.o.，q12～24 h

猫：0.5～2 mg/kg，p.o.，q24 h

③作用　猫自发性下泌尿道疾病

用法　猫：5～12.5 mg/只，p.o.（晚上），q24 h

4. 金诺芬(Auranofin)

规格　片剂：3 mg

　　　胶囊：3 mg

①作用　自发性关节炎

　用法　犬：0.05～0.2 mg/kg，p. o.，q12 h

②作用　天疱疮、口炎

　用法　猫：0.2～0.3 mg/kg，p. o.，q12 h

5. 金硫葡糖(Aurothioglucose)

①作用　浆细胞口炎、足皮炎、免疫中间介质关节病

　用法　测试剂量 1～5 mg，i. m.，之后 1 mg/kg，i. m.，每周 1 次，直到症状减轻，最后每 2 周或每个月 1 次

②作用　天疱疮综合症

　用法　测试剂量 1 mg，i. m.，之后 1 mg，i. m.，每周 1 次(<10 kg)；或 5 mg，i. m.，每周 1 次(>10 kg)

6. 氨苯砜(Dapsone)

规格　50 mg、100 mg

①作用　分枝杆菌病

用法　犬:1.1 mg/kg,p. o.,q6 h 至缓解,之后 0.3 mg/kg,p. o.,q8 h

猫:8 mg/kg,p. o.,q24 h,连用 6 周

②作用　家族性肾上腺脑白质营养不良、表皮血管炎、角膜下脓疱皮肤病

用法　犬:1 mg/kg,p. o.,q8 h,连用 14 d,之后逐减

猫:1 mg/kg,p. o.,q24 h

③作用　猫耳软骨炎

用法　猫:1 mg/kg,p. o.,q24 h

7. 异维 A 酸(Isotretinoin)

规格　胶丸:10 mg

①作用　皮脂淋巴腺炎或增生、骨刺

用法　犬:1～3 mg/kg,p. o.,q12～24 h

猫:5～10 mg/只,p. o.,q24 h

②作用　蕈样肉芽肿病

用法　犬：3～4 mg/kg，p. o. ，q24 h

猫：10 mg/只，p. o. ，q24 h

③作用　皮肤淋巴瘤

用法　犬：3～4 mg/kg，p. o. ，q24 h

8. 己酮可可碱(Pentoxifylline)

规格　片剂：100 mg

针剂：100 mg(5 mL)

①作用　皮肌炎、接触性皮炎

用法　犬：10 mg/kg，p. o. ，q8～12 h，和食物拌食

②作用　皮肤脉管炎

用法　犬：10～15 mg/kg，p. o. ，q48 h

③作用　卡氏肺囊虫

用法　犬：4 mg/kg，i. m. ，s. c. ，连用 2 周

9. 泼尼松龙/氢化泼尼松(Prednisolone)

(见糖皮质激素药)

10. 红霉素软膏(Erythromycin Ointment)

作用　用于化脓性皮炎感染症及对青霉素耐药的葡萄球菌感染

用法　患部涂抹

11. 皮康霜

作用　各种皮炎、湿疹、皮肤浅表性真菌感染、瘙痒性皮肤病

用法　患部涂抹,q8～12 h

12. 皮炎平

作用　药疹、湿疹、神经性皮炎及其他过敏性皮肤病

用法　患部涂抹,q8～12 h,皮肤破溃禁用

13. 冰片散

作用　消炎止痛、生肌化腐、痂下愈合

用法　患部撒布

14. 磺胺嘧啶银/烧伤宁(Sulfadiazine Silver)

作用　烧伤

用法　外用,或同洗必泰合用

15. 百克瑞

作用　各类创面感染、慢性溃疡、皮肤消毒等

用法　局部涂擦

16. 霉康灵/酮康唑(Ketoconazole)

(见抗真菌药)

17. 鱼石脂软膏(Ichthammol Ointment)

作用　消炎防腐、皮肤疖

用法　患部涂抹

18. 云南白药(Yunnan White Powder)

作用　止血愈伤、活血散瘀

用法　患部撒布

19. 扶他林/双氯芬酸(Diclofenac)

作用　镇痛、消炎、风湿、关节炎、腱鞘炎等慢性炎症

用法　患部涂抹,皮损禁用

20. 肤轻松/醋酸氟轻松(Fluocinonide)

作用　皮肤、黏膜消炎

用法　软膏、洗剂,q12～24 h,涂抹

(六)眼科用药

1. 乙酰唑胺/乙酰唑胺钠(Acetazolamide)

规格　片剂:125 mg、250 mg
　　　缓释胶囊:500 mg
　　　注射液:500 mg/瓶

①作用　青光眼辅助治疗

用法　犬:10～25 mg/kg,i. v. ,q8～12 h;
　　　50～75 mg/kg,p. o. ,q8～12 h;
　　　50 mg/kg,i. v. ,q24 h
　　猫:50 mg/kg,i. v. ,q8 h

②作用　幼犬脑水肿辅助治疗

用法　0. 1 mg/kg,p. o. ,q8 h

③作用　代谢性碱中毒

用法　10 mg/kg,p. o. ,q4 h

2. 二氯磺胺(Dichlorphenamide)

规格　片剂:250 mg

作用　青光眼降眼压

用法　犬:2～4 mg/kg,p. o. ,q8～12 h

猫:0.5～2 mg/kg,p. o. ,q8～12 h

3. 醋甲唑胺/醋唑磺胺(Methazolamide)

规格　片剂:25 mg、50 mg

作用　青光眼降眼压

用法　犬:2～5 mg/kg,p. o. ,q8～12 h

猫:3～4 mg/kg,p. o. ,q12 h

4. 甘油(Glycerin)

规格　软膏:由甘油 93 份、水 7 份、淀粉 7 份配制而成

作用　急性充血性青光眼

用法　犬:1～2.0 g/kg,p. o. ,可在 8 h 后重复给药,给药后禁水 1 h,连用 1～2 个疗程

5. 甘露醇(Mannitol)

作用　急性青光眼

用法　0.5～2.0 g/kg,i. v.(缓慢)

6. 1%曲氟尿苷/三氟尿苷(Trifluridine 1%)

作用　眼疱疹病毒感染

用法　外用,每日 4～8 次

7. 3%阿糖腺苷/腺嘌呤阿糖苷(Vidarabine 3%)

作用　眼部疱疹病毒感染

用法　点眼外用,每日 5～8 次

8. 0.1%碘苷(Idoxuridine 0.1%)

作用　眼疱疹病毒感染

用法　局部,每日 4～8 次

9. 病毒灵滴眼液/吗啉胍(Moroxydine)

作用　防治流感、结膜炎、疱疹等

用法　1%～2%滴眼液,每日 5～8 次

10. 阿昔洛韦滴眼液、膏/无环鸟苷(Aciclovir)

作用　猫的疱疹病毒

用法　0.1%滴眼液,3%眼药膏,每日 5 次,滴眼,眼膏,外用

11. 利巴韦林/病毒唑/三氮唑核苷(Ribavirin)

作用　呼吸道合胞病毒、轮状病毒

用法　0.1%～0.5%溶液，每日 20 次以上，滴眼，滴鼻

12. 硫酸阿托品滴眼液(Atropine Sulfate Ophthalmic Solution)

作用　散大瞳孔、升高眼压

用法　0.5%～1%溶液，滴眼，视病情而定

13. 醋酸可的松眼液、膏(Cortisone Acetate)

作用　眼部表层炎症

用法　0.5%眼药膏、眼药水，q8～12 h，外用

14. 醋酸氢化可的松眼液、膏(Hydrocortisone Acetate)

作用　眼科炎症

用法　0.5%眼药水，1%眼药膏，q8～12 h，外用

15. 醋酸泼尼松眼液、膏(Prednisone Acetate)

作用　眼科炎症

用法　0.5%眼药水、1%眼药膏，q8～12 h，外用

16. 沃古林眼药水/硫酸锌(Zinc Sulfate)

作用　结膜炎

用法　点眼，q8 h

17. 泰利必妥滴眼液/氧氟沙星(Ofloxacin)

规格　滴眼液：15 mg/5 mL

眼膏：3.5 g/支

作用　眼睑炎、结膜炎等眼科炎症

用法　点眼，每日 20 次以上

18. 托百士/妥布霉素(Tobrex)

规格　滴眼液：15 mg(5 mL)

作用　外眼疾附属器感染

用法　点眼，每日 20 次以上

19. 典必殊滴眼液

规格　眼膏剂:3.5 g

　　　滴眼剂:5 mL

作用　结膜炎、葡萄膜炎、外周角膜炎、泪囊炎与化学灼伤等

用法　点眼,1～2 滴/只,q4～6 h

20. 0.5%马来酸噻吗洛尔(Timolol Maleate 0.5%)

作用　青光眼非选择性的 β-受体阻断剂

用法　患眼,1 滴/只,q12 h

21. 0.5%倍他洛尔(Betaxolol 0.5%)

作用　青光眼

用法　患眼,每次 1 滴,q12 h

22. 1%布林唑胺(Brinzolamide 1%)

作用　青光眼

用法　患眼,每次 1 滴,q8～12 h

23. 1%卡替洛尔(Carteolol 1%)

作用　青光眼

用法　患眼,每次 1 滴,q12 h

24. 2%多佐胺(Dorzolamide 2%)

作用　青光眼

用法　患眼,每次 1 滴,q8～12 h

25. 0.5%左布诺洛尔(Levobunolol 0.5%)

作用　非选择性的 β-受体阻断剂治疗青光眼

用法　患眼,每次 1 滴,q12～24 h

26. 0.3%美替洛尔(Metipranolol 0.3%)

作用　非选择性的 β-受体阻断剂治疗青光眼

用法　患眼,每次 1 滴,q12 h

27. 0.1%双氯芬酸(Diclofenac 0.1%)

作用　前色素层炎

用法　患眼,每次 1 滴,每日 2～4 次

28. 0.03%氟比洛芬(Flurbiprofen 0.03%)

作用　前色素层炎

用法　患眼，每次 1 滴，每日 2～4 次

29. 1%舒洛芬(Suprofen 1%)

作用　前眼色素层炎

用法　患眼，每次 1 滴，每日 2～4 次

30. 盐酸羟苄唑眼液(Hydrobenzole)

作用　病毒性角结膜炎

用法　滴眼液点眼，每次 1～2 滴，每日 4～6 次，或遵医嘱

(滴眼：1～2 次/h)

31. 氯霉素眼药水(Chloramphenicol)

作用　沙眼、结膜炎

用法　外用滴眼，每日 20 次以上

32. 红霉素眼膏(Erythromycin Ophthalmic Ointment)

作用　沙眼、结膜炎

用法　外用滴眼，每日 20 次以上

33. 贝复舒(Recombinant Bovine Basic Fibroblast Growth Factor (bFGF) Eye Drops)

作用　角膜外伤、干眼病

用法　患眼，每次 1～2 滴，每日 4～6 次，遵照医嘱

34. 40%右旋糖眼用软膏(Glucose 40% Ophthalmic Ointment)

作用　角膜水肿、长久糜烂

用法　患眼，每次 1～2 滴，局部，每日 2～6 次

35. 5%氯化钠(Sodium Chloride 5%)

作用　角膜水肿

用法　外用，每日 2～6 次

36. 乐敦/维氨啉滴眼液(New Rohto Eye Drops)

规格　15 mL/瓶

作用　结膜炎、结膜充血

用法　每次 1～2 滴，每日 4～6 次，遵照医嘱

37. 普罗碘铵(Prolonium Iodide)

作用　玻璃体混浊、眼内出血、色素膜炎、视网膜脉络膜炎

用法　结膜下注射，每次 0.05～1 mg，2～3 日 1 次，5～7 次为 1 个疗程

38. 倍他米松/倍氟美松(Betamethasone)

作用　血管翳、角膜翳、巩膜外层炎

用法　犬：1～2 mg，结膜下注射

39. 醋酸甲基氢化泼尼松(Methylprednisolone Acetate)

作用　角膜翳、巩膜外层炎、前色素层炎

用法　犬：4～8 mg，结膜下注射

40. 0.2%～2%环孢霉素 A(Cyclosporine 0.2%～2%)

作用　干燥性角膜、结膜炎、色素角膜炎、角膜翳、第三眼睑浆细胞瘤、免疫性结膜炎

用法　犬：点眼，q8～12 h

41. 1%依地酸二钠(Disodium EDTA 1%)

作用　角膜钙化病变

用法　每次 1 滴，局部，q8～12 h

42. 氟尼辛葡甲胺(Flunixin Meglumine)

作用　眼病、前列腺炎

用法　犬：0.5 mg/kg，i.v.，q12～24 h，连用 1～2 个疗程

43. 0.005%拉坦前列素(Latanoprost 0.005%)

作用　青光眼

用法　患眼，每次 1 滴，q12～24 h

44. 1%毛果芸香碱/匹罗卡品(Pilocarpine 1%)

①作用　干燥性角(膜)结膜炎

用法　犬：食物中 1～2 滴，q8～12 h

②作用　家族性自主神经异常

用法　猫：每次 1 滴，外用，q6 h

③作用　青光眼

用法　患眼，每次 1 滴，每日 2～4 次

45. 泼尼松龙/氢化泼尼松(Prednisolone)

作用　睑炎、巩膜外层炎、眼色素层炎、脉络膜视网膜炎、木样结膜炎、视神经炎

用法　0.5～2 mg/kg，p.o.，q12 h，后逐减

46. 依索唑胺(Ethoxzolamide)

作用　青光眼

用法　犬：4 mg/kg，p.o.，q12 h

(七)耳科用药

1. 泰利必妥耳液/氧氟沙星(Ofloxacin)

规格　15 mg(5 mL)

作用　中耳炎、鼓膜炎、外耳道炎

用法　外用，q12 h，连用 4 周

2. 新霉素耳液(Neomycin)

作用　中耳炎、外耳道炎

用法　外用，q12 h，连用 4 周

3. 犬猫耳康

作用　霉菌、细菌、耳螨等引起的中耳炎、外耳道炎

用法　清洁耳道后摇匀灌入，早、晚各1次

五、中枢神经用药

(一)全身麻醉药

1. 氟烷(Halothane)

规格　20 mL、100 mL、250 mL

作用　吸入麻醉

用法　诱导:3%～4%

维持:0.8%～1.5%

2. 甲氧氟烷(Methoxyflurane)

规格　20 mL、150 mL

作用　吸入麻醉

用法　诱导:3%

维持:0.5%～1.5%

3. 氧化亚氮/笑气(Nitrous Oxide)

规格　100%氧化亚氮气体

作用　吸入麻醉

用法　50%～70%氧化亚氮和氧气混合使用，维持麻醉

4. 异氟烷(Isoflurane)

规格　100 mL

作用　吸入麻醉

用法　诱导：3%～5%

维持：1.5%～2.5%

5. 氯胺酮/开他敏(Ketamine)

规格　针剂：10 mg(1 mL)、50 mg(1 mL)、100 mg(1 mL)

①作用　抑制兴奋

用法　猫：a) 5 mg/kg, i. v.，和地西泮或乙酰丙嗪合用

b) 2～4 mg/kg, i. v. 或 11～33 mg/kg, i. m.

②作用　麻醉、镇静

用法　犬：5～10 mg/kg, i. v.

猫：5～7.5 mg/kg 与右美托咪定（40 μg/kg）合用，可提供 20～30 min 的全身麻醉，i. m.

③作用　麻醉前给药

用法　犬：2.5～5.5 mg/kg，i. v.，和地西泮合用

6. 硫喷妥钠/硫巴比妥酸盐(Sodium Thiopental)

规格　500 mg、1.0 g

①作用　麻醉

用法　13.2～26.4 mg/kg，i. v.；或 12～25 mg/kg，i. v.，前 1/3 快速静注，剩余药量视情况而定

②作用　麻醉控制

用法　15～17 mg/kg，i. v.（7～10 min）；18～22 mg/kg，i. v.，（10～15 min）；22～29 mg/kg，i. v.，（15～22 min）

7. 舒泰/替来他明唑拉西泮(Tiletamine Zolazepam)

规格　50 mg、100 mg

作用　麻醉

用法　犬:6～13 mg/kg,i. m.

猫:9～12 mg/kg,i. m.

8. 丙泊酚/异丙酚(Propofol)

规格　针剂:200 mg(20 mL)、500 mg(50 mL)

①作用　癫痫持续状态麻醉

用法　犬:4～8 mg/kg,i. v.,到见效;或 8～12 μg/(kg·h),i. v.

②作用　肝性癫痫状态麻醉

用法　犬:0.1～0.25 mg/(kg·min),i. v.

③作用　麻醉

用法　猫:诱导:6～8 mg/kg,i. v.(无麻醉前给药);4～6 mg/kg,i. v.(配合麻醉前给药)

维持:0.51 mg/(kg·min),i. v.,

配成 25%的溶液

犬:诱导:5～6 mg/kg,i. v.(无麻醉前给药);3～4 mg/kg,i. v.(配合麻醉前给药)

维持:0.1～0.6 mg/(kg·min),i. v.,配成 25%的溶液

9. 阿法沙龙(Alfaxalone)

规格　注射剂:10 mg/mL 溶液

①作用　麻醉诱导

用法　犬:有麻醉前给药 2 mg/kg,i. v.;无麻醉前给药 3 mg/kg,i. v.

猫:2～5 mg/kg,i. v.

②作用　麻醉维持

用法　犬:6～9 mg/kg,i. v.;或 1～1.5 mg/kg,间隔 10 min 快速推注

猫:7～10 mg/kg,i. v.;或 1～1.5 mg/kg,间隔 10 min 快速推注

10. 右美托咪定/多咪静(Dexmedetomidine)

规格　注射剂:0.5 mg/mL 溶液

作用　镇静、止痛

用法　3～5 μg/kg,i. v. ,i. m. ,s. c.

11. 依托咪酯(Etomidate)

规格　注射剂:2 mg/mL 溶液

作用　诱导麻醉

用法　0.5～2 mg/kg,i. v.

12. 美托咪定(Medetomidine)

规格　注射剂:1 mg/mL 溶液

作用　镇静、止痛

用法　犬:10～40 μg/kg,i. m. ;或初始剂量 1 μg/kg,之后 1～3 μg/(kg · h),i. v. ,恒速输注

猫:40～80 μg/kg,i. m. ;或 1～10 μg/kg,i. v.

13. 七氟烷(Sevoflurane)

规格　吸入剂:250 mL 瓶装

作用　麻醉诱导及维持

用法　有麻醉前给药时 3.7%～4%;无麻醉前给药时 3.3%～3.6%

(二)局部麻醉药

1. 盐酸普鲁卡因/奴佛卡因(Procaine Hydrochloride)

规格　注射液:40 mg(2 mL)、0.15 g(5 mL)、0.3 g(10 mL)、1.25 g(50 mL)

①作用　表面麻醉

用法　3%～5%溶液,皮肤、黏膜表面喷雾

②作用　浸润麻醉、封闭疗法

用法　0.25%～0.5%溶液,患部多点注射

③作用　传导麻醉

用法　2%溶液,多点注射,每点 2～5 mL

2. 盐酸利多卡因/昔罗卡因(Lidocaine Hydrochloride)

规格　针剂:100 mg(5 mL)、200 mg(10 mL)、500 mg(10 mL)、400 mg(20 mL)、1.0 g(20 mL)

①作用　表面麻醉

用法　2%～5%溶液,皮肤、黏膜表面喷雾

②作用　浸润麻醉、封闭疗法

用法　0.25%～0.5%溶液,患部多点注射

③作用　传导麻醉

用法　2%溶液,多点注射,每点 2～5 mL,犬最大剂量 4 mg/kg

④作用　室性心律失常

用法　2～8 mg/kg i. v.,其中 2 mg/kg 推注,之后以 0.025～0.1 mg/(kg·min),i. v.,恒速输注

3. 布比卡因(Bupivacaine)

规格　针剂:12.5 mg(5 mL)、25 mg(5 mL)、

37.5 mg(5 mL)

①作用　浸润麻醉、封闭疗法

用法　0.125%～0.25%溶液患部多点注射

②作用　传导麻醉

用法　0.25%～0.5%溶液，多点注射，每点 2～5 mL

(三)骨骼肌松弛药

1. 氯化琥珀胆碱/司可林(Suxamethonium Chloride)

规格　针剂：50 mg(2 mL)、100 mg(2 mL)

作用　肌肉松弛

用法　犬：0.07～0.22 mg/kg，i. v.

猫：0.06～0.11 mg/kg，i. v.

2. 苯磺阿曲库铵/阿曲可宁/卡肌宁(Atracurium Besylate)

规格　针剂：50 mg(mL)

作用　肌肉松弛

用法　犬：起始剂量 0.3～0.5 mg/kg，i. v.，5 min 后 4～9 μg/(kg·min)，i. v.

猫：起始剂量 0.2～0.5 mg/kg，i. v.，5 min 后 0.37 μg/(kg·min)，i. v.

3. 泮库溴铵/溴化双哌雄双酯/巴夫龙(Pancuronium Bromide)

规格　针剂：10 mg(10 mL)、10 mg(5 mL)

作用　肌肉松弛

用法　犬：开始 0.04～0.1 mg/kg，i. v.，之后 0.06～0.1 mg/(kg·h)，i. v.

4. 维库溴铵/维库罗宁/万可松(Vecuronium Bromide)

规格　针剂：4 mg

作用　肌肉松弛

用法　0.1 mg/kg 可产生 25～30 min 神经肌肉阻断时间，追加给药 0.03 mg/kg 或 0.1～0.2 mg/(kg·h)，i. v.(恒速)可延长阻断时间

5. 罗库溴铵(Rocuronium)

规格　注射剂:10 mg/mL 溶液

作用　神经肌肉阻断剂

用法　犬:起始剂量 0.5 mg/kg,i.v.,之后 0.2 mg/(kg·h),恒速输注

猫:0.6 mg/kg,i.v.

6. 美索巴莫/舒筋灵(Methocarbamol)

规格　针剂:500 mg(5 mL)

①作用　椎间盘疾病时肌肉松弛

用法　犬:15～20 mg/kg,p.o.,q8 h

②作用　中毒、中暑时的肌肉松弛

用法　犬:50～150 mg/kg,i.v.,每日最大剂量 330 mg/kg

(四)镇痛剂

1. 金刚烷胺/三环癸烷胺(Amantadine)

规格　片剂:100 mg

胶囊:100 mg

①作用　流感病毒

用法　犬:3.0～5.0 mg/kg,q24 h

猫:1.0～4.0 mg/kg,q24 h(从最低剂量开始缓慢增加)

②作用　慢性疼痛辅助治疗

用法　作为非甾体类抗炎药辅助剂时,犬、猫:3～5 mg/kg,p.o.,q24 h

2. 曲马多/祛痛(Tramadol)

规格　针剂:100 mg(2 mL)

作用　镇痛

用法　犬:5～10 mg/kg,p.o,q6～8 h;或 2～5 mg/kg,i.v. q8～12 h

猫:2～4 mg/kg,p.o. q8 h;或 1～2 mg/kg,i.v.,s.c.

3. 阿芬太尼(Alfentanil)

规格　注射剂:0.5 mg/mL、5 mg/mL

①作用　镇痛

用法　犬:0.5～1 μg/kg,之后 0.5～

1 μg/(kg · min)

②作用　术中止痛

用法　犬:2～5 μg/kg,i. v. ,q20 min

4. 丁丙诺啡/布诺啡(Buprenorphine)

规格　针剂:0. 15 mg(1 mL)

作用　止痛

用法　犬:0. 02 mg/kg,i. v. ,i. m. ,s. c. ,q6～12 h;或必要时给药

猫:0. 01～0. 03 mg/kg,i. v. ,i. m. ,q6～12 h;或必要时给药

5. 布托啡诺/环丁羟吗喃(Butorphanol)

规格　针剂:1 mg(1 mL)

①作用　诱导麻醉

用法　犬:0. 05 mg/kg,i. v.;或 0. 2～0. 4 mg/kg,s. c. ,i. m.

猫:0. 1～0. 2 mg/kg,i. m.;或 0. 2～0. 4 mg/kg,i. m. ,与格隆溴铵和氯胺酮合用

②作用　止疼、镇静、抑制

用法　犬:0.1～0.2 mg/kg,i. v.;或 0.2～0.6 mg/kg,i. m.,s. c.,q2～6 h

猫:0.1～0.8 mg/kg,i. m.,s. c.,q4～6 h

③作用　治疗化疗药物引起的呕吐

用法　犬:0.4 mg/kg,i. m.;或 0.2～0.6 mg/kg,s. c.

④作用　镇咳

用法　犬:0.5～1 mg/kg,p. o.,q6～12 h;或 0.05～0.1 mg/kg,i. m.,s. c.,q12 h

猫:0.05～0.6 mg/kg,i. m.,s. c.,q12 h

6. 芬太尼(Fentanyl)

规格　片剂:100 μg、200 μg、400 μg、600 μg、800 μg

注射剂:50 g/mL

透皮剂:12.5 μg/h、25 μg/h、50 μg/h、

75 μg/h、100 μg/h

①作用　术中镇痛

用法　犬:1～5 μg/kg,i. v. ,q20 min

猫:5 μg/kg,大剂量给药,必要时可在 20 min 后重复给药

②作用　麻醉

用法　2.5～10 μg/kg,麻醉过程中连续输注,术后可减量为 1～5 μg/kg。连续输注需先给负荷剂量(2～5 μg/kg)

③作用　透皮制剂

用法　犬:4 μg/(kg・h),贴剂

猫:25 μg/(只・h),贴剂

7. 美沙酮/美散痛(Methadone)

规格　针剂:5 mg(1 mL)

作用　镇痛、麻前给药、保定

用法　犬:0.1～0.5 mg/kg,i. m. ;或 0.1～0.3 mg/kg,i. v.

猫:0.1～0.6 mg/kg,i. m. ,i. v. ,s. c.

8. 吗啡(Morphine)

规格　注射剂:10 mg/mL、15 mg/mL、20 mg/mL、30 mg/mL

片剂:10 mg、30 mg、60 mg、100 mg

作用　止痛

用法　犬:0.5 mg/kg,s.c.,i.m.,q4～6 h;或0.15～0.2 mg/kg,i.v.,需要时用

猫:0.1～0.4 mg/kg,s.c.,i.m.,需要时用

9. 喷他佐辛/镇痛新/戊唑星(Pentazocine)

规格　针剂:15 mg(1 mL)、30 mg(1 mL)

作用　手术后、外伤的镇痛

用法　犬:1～3 mg/kg,i.m.,s.c.

10. 哌替啶/杜冷丁(Meperidine)

规格　针剂:50 mg(1 mL)、100 mg(2 mL)

①作用　止痛法

用法　犬:3～10 mg/kg,i.m.,遵照医嘱;或2～4 mg/kg,i.v.(缓慢),q2 h

猫:2～4 mg/kg,i. m. ,s. c. ,遵照医嘱

②作用　镇静

用法　犬:5 mg/kg,i. m.

猫:3～5 mg/kg,i. m.

③作用　麻醉前给药

用法　犬:2.5～6.5 mg/kg,i. m.

猫:2～4 mg/kg,i. m.

11. 氢吗啡酮(Hydromorphone)

规格　0.4 mg(1 mL)

①作用　麻醉前给药、镇静

用法　犬:0.05～0.2 mg/kg,i. v. ,i. m. ,s. c.

②作用　止痛

用法　犬:0.1～0.2 mg/kg,i. v. ,i. m. ,s. c.

猫:0.05～0.1 mg/kg,i. v. ,i. m. ,s. c.

12. 酮咯酸(Ketorolac)

规格　片剂:10 mg

注射剂:15 mg/mL,30 mg/mL

滴眼液:5 mL

①作用　止痛

用法　犬:0.5 mg/kg,i.v.,q8 h;或 0.3～0.5 mg/kg,i.v.,i.m.,q8～12 h

猫:0.25 mg/kg,i.m.,q8～12 h

②作用　溃疡性角膜炎

用法　滴眼,q6～24 h

(五)镇静剂

1. 乙酰丙嗪/静安舒(Acetylpromazine)

规格　片剂:5 mg、10 mg、25 mg

针剂:20 mg(2 mL)

①作用　抑制、镇静

用法　犬:0.025～0.2 mg/kg,i.v.,最大剂量 3 mg;或 0.1～0.25 mg/kg,

i. m. ,s. c. ,p. o.

猫:0. 05～0. 1 mg/kg,i. v. ,最大剂量 1 mg

②作用　动脉血栓栓塞

用法　0. 05～0. 11 mg/kg,s. c. ,q8 h

③作用　痛性痉挛

用法　犬:0. 1～0. 75 mg/kg,p. o. ,q12 h

④作用　麻前给药

用法　犬:0. 1～0. 2 mg/kg,i. v. ,i. m. ,最大剂量 3 mg

⑤作用　眩晕

用法　犬:1 mg/kg,p. o. ,q24 h

⑥作用　安非他命中毒

用法　0. 05～1 mg/kg,i. v. ,i. m. ,s. c.

2. 地西泮/安定(Diazepam)

规格　片剂:5 mg(2. 5 mg)

针剂:10 mg(2 mL)

①作用　保定

用法　犬：0.2～0.6 mg/kg，i. v.；或 0.5～2.0 mg/kg，p. o.，根据需要给药

猫：0.1～0.2 mg/kg，i. v.；或 0.2～0.4 mg/kg，p. o.，q8 h

②作用　癫痫发作

用法　犬：0.25～1.3 mg/kg，p. o.，q6～8 h

猫：0.5～1 mg/kg，q12 h，最大剂量 7.5 mg

③作用　癫痫持续状态、中毒

用法　犬：0.5～1 mg/kg，i. v.，依需要增加剂量至 20 mg，到见效

猫：0.3 mg/(kg·h)，i. v.，溶于 0.9%氯化钠

④作用　后天的震颤

用法　0.25 mg/kg，p. o.，q6～8 h

⑤作用　痛性痉挛

用法　0.5 mg/kg，p. o.，q8 h

⑥作用　麻醉前给药

用法　犬：0.1 mg/kg，i. v.（缓慢）

⑦作用　镇静

用法　犬：a)0.5～2.2 mg/kg，p.o.，遵照医嘱

b)0.5 mg/kg，i.v.，到见效

猫：0.2～0.6 mg/kg，i.v.

⑧作用　功能性尿道阻塞、猫尿路综合征

用法　犬：2～10 mg/只，p.o.，q8 h

猫：1.25～5 mg，p.o.，q8 h；或0.5 mg/kg，i.v.

⑨作用　刺激食欲

用法　猫：0.05～0.15 mg/kg，i.v.，单次使用；或1 mg，p.o.，q24 h

⑩作用　尿斑、焦急、精神性脱毛

用法　犬：0.25～1.1 mg/kg，p.o.，q12 h

猫：0.2～0.4 mg/kg，p.o.，q12 h

⑪作用　眩晕

用法　犬：0.1～0.2 mg/kg，p.o.，q12～24 h

⑫作用　明显的行为紊乱

用法　犬：0.5～2.0 mg/kg，p.o.，q4～6 h，

遵照医嘱

猫：1～2 mg/只，p. o.，q12～24 h

3. 咪达唑仑/咪唑安定(Midazolam)

规格　片剂：7.5 mg、15 mg

针剂：10 mg

作用　麻前给药、镇静、抗惊厥

用法　犬：0.2～0.3 mg/kg，i. m.，s. c.，i. v.

4. 氯硝西泮/氯硝安定(Clonazepam)

规格　片剂：0.5 mg、2 mg

针剂：100 mg(1 mL)

①作用　镇静、抗惊厥

用法　犬：0.5 mg/kg，p. o.，q8～12 h；或 0.05～0.2 mg/kg，i. v.

猫：0.5 mg/只，q12～24 h

②作用　抗焦虑

用法　0.05～0.25 mg/kg，p. o.，q12～24 h

5. 氯丙嗪/冬眠灵(Chlorpromazine)

规格　片剂：25 mg

针剂：25 mg(1 mL)

①作用 抑制、镇静、麻醉前给药、痛性痉挛

用法 3 mg/kg，p. o.，q12～24 h

②作用 止吐

用法 犬：a)0.1～2.2 mg/kg，p. o.，每日1～4次

b)0.25～0.5 mg/kg，s. c.，i. m.，q8～24 h

c)0.05～0.1 mg/kg，i. v.，q6～8 h

猫：0.5 mg/kg，i. m.，q8 h；或0.2～0.4 mg/kg，s. c.，q8 h

6. 氯氮卓/利眠宁(Chlordiazepoxide)

规格 片剂：5 mg、10 mg

针剂：50 mg、100 mg

作用 镇静、抗焦虑、肌肉松弛、抗惊厥

用法 犬：1～2 mg/kg，i. m.，s. c.，p. o.，q12 h

猫：3.75 mg/只，i. m.，s. c.，p. o.，q12 h

7. 赛拉嗪/隆朋/甲苯噻嗪(Xylazine/Rompun)

规格　针剂:100 mg(5 mL)、200 mg(10 mL)

作用　镇痛、保定、催吐

用法　犬:1～3 mg/kg,i. v. ,i. m.

猫:1～2 mg/kg,i. m.

(六)抗惊厥、抗癫痫药

1. 苯妥英钠/大仑丁(Phenytoin Sodium)

规格　片剂:50 mg、100 mg

针剂:100 mg、250 mg

①作用　癫痫大发作

用法　犬:15～40 mg/kg,p. o. ,q8 h

②作用　室性心律不齐

用法　2～4 mg/kg,i. v. 起始,逐渐增加至10 mg/kg;或 20～35 mg/kg,p. o. ,q8 h

2. 丙戊酸钠/抗癫灵(Sodium Valproate)

规格　片剂:100 mg、200 mg

糖浆:50 mg/mL

作用　对小发作、肌阵挛性癫痫、局限性发作、大发作和混合型癫痫均有效

用法　犬：10～15 mg/kg 起始，可增加至 40～60 mg/kg，p. o. ，q8 h

3. 非尔氨酯/非班酯(Felbamate)

规格　片剂：400 mg、0. 6 g

作用　癫痫

用法　犬：15 mg/kg，p. o. ，q8 h，最大剂量：3 g/d

4. 加巴喷丁(Gabapentin)

规格　片剂：100 mg、300 mg、400 mg

①作用　癫痫

用法　犬：10～60 mg/kg，p. o. ，q8～12 h

猫：5～10 mg/kg，p. o. ，q8～12 h

②作用　止痛

用法　5～10 mg/kg，p. o. ，q8～12 h

5. 左乙拉西坦(Levetiracetam)

规格　片剂：250 mg、500 mg、750 mg，1 g

口服液：100 mg/mL

注射液:100 mg/mL

作用　顽固性癫痫

用法　犬:10～30 mg/kg,p. o. ,q8～12 h

猫:20 mg/kg,p. o. ,q8 h

6. 溴化钾(Potassium Bromide)

规格　溶液:10%

作用　镇静、催眠、癫痫

用法　犬:a)50～80 mg/kg,p. o. ,q24 h;或分开,q12 h,拌食物

b)20～40 mg/kg,p. o. ,与苯巴比妥合用,q12 h

7. 普瑞巴林(Pregabalin)

规格　胶囊:25 mg、50 mg、75 mg、100 mg、150 mg、200 mg、225 mg、300 mg

作用　癫痫控制、神经性疼痛

用法　犬:3～4 mg/kg,p. o. ,q8 h,起始剂量2 mg/kg,后逐渐增加

猫:1～2 mg/kg,p. o. ,q12 h

8. 托吡酯(Topiramate)

规格　片剂:25 mg、50 mg、100 mg、200 mg

胶囊:15 mg、25 mg、50 mg

作用　抗惊厥

用法　犬:2～10 mg/kg,p. o. ,q12 h

猫:12. 5～25 mg/只,p. o. ,q8～12 h

9. 唑尼沙胺(Zonisamide)

规格　片剂:100 mg

作用　癫痫发作

用法　犬:5～10 mg/kg,p. o. ,q12 h

猫:10～20 mg/kg,p. o. ,q24 h

10. 地西泮/安定(Diazepam)

(见镇静剂)

11. 氯硝西泮/氯硝安定(Clonazepam)

(见镇静剂)

12. 咪达唑仑/咪唑安定(Midazolam)

(见镇静剂)

(七)解热镇痛抗炎药

1. 阿司匹林/乙酰水杨酸(Aspirin)

规格　片剂:300 mg、500 mg

①作用　镇痛

用法　犬:10 mg/kg,p. o. ,q12 h

猫:10 mg/kg,p. o. ,q48 h

②作用　解热

用法　10 mg/kg,p. o. ,q12 h

③作用　抗炎、抗风湿、抗血栓

用法　25 mg/kg,p. o. ,q24～48 h

2. 安乃近(Analgine)

规格　片剂:500 mg

针剂:1. 5 g(5 mL)、3 g(10 mL)、6 g(20 mL)

①作用　肠痉挛、肠鼓气、腹痛

用法　犬:0. 5～1. 0 g/只,p. o. ;或 0. 3～0. 6 g/只,s. c. ,i. m.

②作用　退烧

用法　28 mg/kg，i. m.，i. v.，s. c.，q8 h

3. 对乙酰氨基酚/扑热息痛（Paracetamol）

规格　片剂：250 mg

①作用　解热镇痛

用法　犬：10 mg/kg，p. o.，q12 h

15 mg/kg，p. o.，q8 h

②作用　退行性脊髓病

用法　犬：5 mg/kg，p. o.，每天不超过 20 mg/kg

4. 保泰松/布他酮(Phenylbutazone)

规格　片剂：100 mg

胶囊：100 mg、200 mg

作用　抗炎

用法　犬：2～20 mg/kg，p. o.，q8 h，连用 2 d，之后逐减到最低有效剂量，最大剂量 800 mg/d

猫：6～8 mg/kg，p. o.，q12 h

5. 卡洛芬/炎易妥(Carprofen)

规格　片剂:150 mg

作用　止痛、消炎

用法　犬:2～4 mg/kg,p. o. ,q24 h,连用 7 d

6. 吡罗昔康/炎痛喜康(Piroxicam)

规格　片剂:20 mg

胶囊:10 mg

作用　抗转移性细胞癌、癌症疼痛

用法　犬:0. 3 mg/kg,p. o. ,q24 h

猫:0. 3 mg/kg,p. o. ,q48 h,和米索前列醇合用

7. 美洛昔康(Meloxicam)

规格　口服混悬液:0. 5 mg/mL(猫用)、1. 5 mg/mL(犬用)

注射剂:2 mg/mL、5 mg/mL

①作用　关节炎止痛、消炎

用法　犬:0. 2 mg/kg,p. o. ,i. v. ,s. c. ,用 1 次,之后 0. 1 mg/kg,q24 h

②作用　慢性疼痛

用法　猫：0.2 mg/kg，p.o.，用 1 次，之后 0.1 mg/kg，q24 h，连用 2 d，接着 0.025 mg/kg，每周 2～3 次

③作用　术后疼痛控制

用法　0.1 mg/kg，p.o.，q24 h

8. 罗贝考昔(Robenacoxib)

规格　片剂：5 mg、6 mg、10 mg、20 mg、40 mg

注射液：20 mg/mL

①作用　关节炎止痛、消炎

用法　1～2 mg/kg，p.o.，q24 h

②作用　术后止痛、消炎

用法　2 mg/kg，s.c.，术前 30 min 给药

9. 别嘌呤醇/痛风宁(Allopurinol)

规格　片剂：100 mg、300 mg

注射剂：500 mg

①作用　阵痛、抗风湿

用法　犬：10 mg/kg，p.o.，首日 3 次，之后

q24 h;或 300～600 mg/只,s. c. ,i. m.

②作用　尿酸盐结石

用法　犬:溶解结石:15 mg/kg,p. o. ,q12 h

预防结石:10～20 mg/kg,配合饮食疗法

猫:9 mg/kg,p. o. q24 h

10. 卓比林/替泊沙林(Zubrin)

规格　片剂:50 mg、200 mg

作用　减轻并控制犬由肌肉骨骼病产生的疼痛及炎症

用法　首次给药 20 mg/kg,之后 10 mg/kg,p. o. ,q24 h

11. 吗伐考昔(Mavacoxib)

规格　片剂:6 mg、20 mg、30 mg、75 mg、95 mg

作用　关节性疾病止痛

用法　犬:2 mg/kg,p. o. ,q14 d,可用 2 次,之后每个月 1 次,最多使用 7 次

12. 酮洛芬(Ketoprofen)

规格　注射剂:1%溶液

片剂：5 mg、20 mg

①作用　消炎止痛

用法　2 mg/kg，i. v. ，i. m. ，s. c.

②作用　关节炎

用法　犬：0. 5～1 mg/kg，p. o. ，q12 h，随餐，胃肠疾病动物剂量减半

③作用　术后止痛

用法　1～2 mg/kg，i. v. ，i. m. ，q24 h，连用 2～5 d

④作用　急性疼痛

用法　2 mg/kg，s. c. ，i. m. ，i. v. ，q24 h

13. 德拉昔布/地拉考昔(Deracoxib)

规格　片剂：25 mg、100 mg

①作用　关节炎

用法　犬：1～2 mg/kg，p. o. ，q12 h

②作用　术后止痛

用法　犬：3～4 mg/kg，p. o. ，q12 h，不超过 7 d

六、内分泌药

（一）糖皮质激素

1. 地塞米松/氟美松(Dexamethasone)

规格　片剂：0.75 mg

针剂：1 mg（1 mL）、2 mg（1 mL）、5 mg（1 mL）

①作用　消炎

用法　0.2～1 mg/kg，i.v.，s.c.，p.o.，q12～24 h

②作用　猫过敏性支气管炎

用法　猫：0.2～2.2 mg/kg，i.v.，i.m.，p.o.，病情稳定后剂量逐减，连用1～2个月

③作用　脑积水

用法　0.05 mg/kg，p.o.，q12 h，逐减到q48 h

④作用　脊髓创伤

用法　2～3 mg/kg，i. v.，6～8 h，之后 1～2 mg/kg，i. v.，q8～12 h，剂量逐减

⑤作用　休克、过敏症、心肺复苏术

用法　4～6 mg/kg，i. v.（缓慢）

⑥作用　过敏反应

用法　犬：0.5～1 mg/kg，i. v.，i. m.，q3～5 d；或 0.25～1.25 mg/kg，p. o.，q24 h

猫：0.125～0.5 mg/kg，i. v.，i. m.，q3～5 d；或 0.125～0.5 mg/kg，p. o.，q24 h

⑦作用　高钙血症

用法　0.1～0.2 mg/kg，i. v.，s. c.，q12 h；或 0.25 mg/kg，s. c.，q6 h

⑧作用　蜂窝织炎初期

用法　犬：0.2 mg/kg，p. o.，q24 h

⑨作用　免疫性皮肤病

用法　猫：0.2～0.4 mg/kg，p. o.，q24 h，之后逐减

⑩作用　脑水肿

用法　0. 25～2 mg/kg，i. v.；或 0. 25～1 mg/kg，s. c. ，q6～8 h，剂量逐减

2. 泼尼松龙/氢化泼尼松（Prednisolone）

规格　醋酸泼尼松龙片剂：5 mg

泼尼松龙针剂：10 mg（2 mL）

醋酸泼尼松龙针剂：25 mg（1 mL）、125 mg（5 mL）

醋酸泼尼松龙软膏：4 g（20 mg）、10 g（50 mg）

①作用　过敏

用法　犬：初始剂量 0. 5～1 mg/kg，p. o. ，q12 h，之后逐渐减至最低剂量，q48 h

②作用　抗炎

用法　犬：初始剂量 0. 5 mg/kg，p. o. ，q12～24 h，之后逐渐减至 0. 25～0. 5 mg/kg，p. o. ，q48 h

猫：初始剂量 0.5～1 mg/kg，p. o.，q12～24 h，之后逐渐减至 0.5 mg/kg，p. o.，q48 h

③作用　免疫抑制

用法　犬：初始剂量 1～2 mg/kg，p. o.，q24 h，之后缓慢减至 0.5 mg/kg，p. o.，q48 h

猫：初始剂量 1～2 mg/kg，p. o.，q12～24 h，之后缓慢减至 0.5～1 mg/kg，p. o.，q48 h

3. 倍他米松/倍氟美松(Betamethasone)

规格　片剂：0.5 mg

针剂：1.5 mg(1 mL)

作用　瘙痒

用法　犬：0.15 mg/kg，i. m.，注射 1 次

4. 氢化可的松/皮质醇(Hydrocortisone)

规格　片剂：20 mg

针剂：10 mg(2 mL)、25 mg(5 mL)、

100 mg(20 mL)

醋酸氢化可的松针剂:125 mg(5 mL)

作用　抗炎、抗毒素、关节炎

用法　4 mg/kg,p. o. ,q24 h

犬:0. 025～1 mg,关节囊内注射 5～10 mg/只,q24 h,生理盐水稀释,i. v.

猫:1～5 mg/只,q24 h,生理盐水稀释,i. v.

5. 甲泼尼龙(Methylprednisolone)

规格　针剂:40 mg、500 mg

①作用　炎症

用法　犬:0. 3～1 mg/kg,p. o. ,q8～12 h,治疗 5～10 d 后逐渐降低剂量

猫:5. 5 mg/kg,i. m. ,s. c. ,q12 h

②作用　大脑和脊髓损伤、纤维软骨性栓塞

用法　30 mg/kg,i. v. ,之后 15 mg/kg,i. v. ,q6 h,连用 2 d,之后逐渐降低剂量,治疗 7 d

③作用　免疫性皮肤病

用法　11 mg/kg，i. v. 溶于 5% 葡萄糖溶液，输注时间超过 1 h，q24 h，治疗 3 d

④作用　休克

用法　犬：30～35 mg/kg，i. v.

⑤作用　大脑缺血性坏死、输血相关的肺水肿

用法　猫：30 mg/kg，i. v.

6. 曲安奈德/氟羟泼尼松龙/去炎松（Triamcinolone）

规格　片剂：4 mg

醋酸曲安奈德混悬液：5 mg（1 mL）、20 mg（2 mL）、125 mg（5 mL）、200 mg（5 mL）

①作用　猫浆细胞咽炎、足部皮炎

用法　猫：2～4 mg/只，p. o.，q24～48 h；或 0.4～0.6 mg/kg，p. o.，q24 h，之后剂量逐减

②作用　抗炎

用法　犬：0.05 mg/kg，i. m.，p. o.，q8～12 h

猫：0.25～0.5 mg/kg，p. o.，q24 h，连用 7 d

③作用　关节炎

用法　0.11～0.22 mg/kg，i. m.，s. c. 投药 1 次或 1～3 mg 关节内注射或滑液内注射

④作用　天疱疮

用法　猫：0.4～0.8 mg/kg，i. m.，p. o.，q24 h，软膏，外用

7. 布地奈德/布地缩松(Budesonide)

规格　胶囊：3 mg

作用　炎性肠病

用法　犬：0.05～0.99 mg/kg，p. o.，q8 h，每次剂量不超过 3 mg

猫：1 mg/只，p. o.，q8 h

(二)盐皮质激素

1. 氟氢可的松(Fludrocortisone)

规格　片剂:0.1 mg

　　　软膏:2.5 mg/10 g

作用　肾上腺皮质功能减退

用法　0.02 mg/kg,p.o.,q24 h

2. 三甲醋酸去氧皮质酮(Desoxycorticosterone Pivalate)

规格　注射剂:5 mg/mL、10 mg/mL

作用　肾上腺皮质功能减退

用法　犬:1～2 mg/kg,i.m.,s.c.,q25～28 d

　　　猫:12.5 mg/只,i.m.,q21～28 d

(三)肾上腺抑制剂

1. 米托坦/邻对滴滴滴(Mitotane)

规格　片剂/胶囊:500 mg

①作用　脑垂体依赖型肾上腺皮质功能亢进

用法　犬：30～50 mg/kg，p. o.，q24 h，连用7～10 d，随后根据情况调整至每周或隔周 1 次

②作用　功能性肾上腺皮质瘤

用法　犬：最初 50～75 mg/kg，p. o.，q12 h，之后 50～100 mg/kg，p. o.，每周 1 次

2. 曲洛司坦(Trilostane)

规格　胶囊：10 mg、30 mg、60 mg、120 mg

①作用　肾上腺皮质功能亢进

用法　犬：2～10 mg/kg，p. o.，q24 h

猫：7 mg/kg，p. o.，q24 h

②作用　X 形脱毛

用法　犬：3～5 mg/kg，p. o.，q24 h，从低剂量开始递加

3. 霉康灵/酮康唑(Ketoconazole)

规格　片剂：200 mg

作用　肾上腺皮质功能亢进

用法　犬：5 mg/kg，p. o.，q12 h，连用 7 d。若无

不良反应，增加剂量到 10 mg/kg，p. o. ，q12 h，连用 14 d。14 d 后进行 ACTH 刺激试验，若未达到抑制效果，可增加至 15～30 mg/kg，p. o. ，q24 h

（四）甲状腺激素

1. 左旋甲状腺素（*L*-thyroxine（T4））

规格　片剂：40 mg

作用　甲状腺功能减退、猫对称性脱毛

用法　犬：22 μg/kg，p. o. ，q12 h

猫：20～30 μg/kg，p. o. ，q12～24 h；或 0. 05～1 mg/只，p. o. ，q24 h

2. 碘塞罗宁（Triiodothyronine（T3））

规格　片剂：20 μg

作用　甲状腺功能减退、猫对称性脱毛

用法　犬：4～6 μg/kg，p. o. ，q8 h

猫：4 μg/kg，p. o. ，q8～12 h

(五)其他激素

1. 去氨加压素(Desmopressin)

规格　15 μg(1 mL)

①作用　糖尿病、尿崩症

用法　犬:2～3 滴/只,q8～12 h,鼻内,结膜内

②作用　遗传性假血友病

用法　犬:1 μg/kg,s. c. ,手术前 90 min

2. 褪黑激素(Melatonin)

规格　片剂:1 mg、1.5 mg、3 mg

①作用　犬脱毛

用法　犬:3～6 mg,p. o. ,q8～12 h,连用 4～6 周

②作用　睡眠紊乱(夜间)

用法　犬:3～6 mg/只,p. o. ,q12～24 h

猫:3～12 mg/只,p. o. ,q12～24 h

3. 阿卡波糖/抑葡萄糖苷酶(Acarbose)

规格　片剂:25 mg、50 mg、100 mg

作用　糖尿病

用法　犬:12.5～25 mg/只,p.o.,q12 h

猫:12.5 mg/只,p.o.,q12 h

4. 格列吡嗪/灭糖尿(Glipizide)

规格　片剂:5 mg

作用　猫糖尿病

用法　猫:2.5～5 mg/只,p.o.,q8～12 h

5. 低精蛋白锌胰岛素/中效胰岛素(Insulin,NPH)

规格　针剂:400 U(10 mL)、800 U(10 mL)

作用　糖尿病

用法　犬:0.5～1 U/kg,s.c.,q12～24 h

猫:3～5 U/只,s.c.,q12～24 h

6. 鱼精蛋白锌胰岛素/长效胰岛素(Insulin,PZI)

规格　针剂:400 U(10 mL)、800 U(10 mL)

作用　糖尿病

用法　犬:0.5～1 U/kg,s.c.,q24 h

猫:1～3 U/只,s.c.,q24 h

7. 常规胰岛素(Insulin Regular)

①作用　糖尿病性酮酸中毒

用法　犬:a)0.2 U/kg,i.m.,之后 0.1 U/kg,q1 h,直到葡萄糖>2 500 mg/L

b)2.2 U/kg,加入 250 mL 0.9%氯化钠,连续 i.v.

②作用　高血钾

用法　犬:0.5~1 U/kg,i.v.,每单位加入 1~2.0 g 葡萄糖

猫:3~5 U/只,s.c.,q6 h,直到生效

8. 钒(Vanadium)

作用　糖尿病

用法　猫:45 mg,p.o.,q24 h,和胰岛素合用

9. 胰高血糖素(Glucagon)

规格　针剂:1 mg、10 mg

作用　胰岛素过量

用法　犬:0.03 mg/kg,i.v.,i.m.,s.c.;或

50 ng/kg，i. v. 1 次，之后连续 10～40 ng/(kg · min)，i. v.

10. 二氮嗪/降压嗪(Diazoxide)

规格　针剂：300 mg，附专用溶剂 20 mL

①作用　低血糖症

用法　犬：3.3～20 mg/kg，p. o.，q8 h

②作用　高血压

用法　1～3 mg/kg 快速静脉注射(<30 s)，单次最大剂量 150 mg

11. 卡比马唑/甲亢平(Carboplatin)

规格　片剂：5 mg、20 mg

缓释剂：10 mg、15 mg

作用　甲亢

用法　猫：2.5～5 mg/只，p. o.，q12 h

12. 甲巯咪唑/他巴唑(Methimazole)

规格　片剂：5 mg

作用　甲状腺功能亢进

用法　猫：首次 5 mg，p. o.，q8 h，每 3 周检测

甲状腺素以增减药量；或 1.25～2.5 mg，p.o.，q12 h（肾功能不全）

13. 骨化三醇/钙三醇(Calcitriol)

规格　胶囊：0.25 μg、0.5 μg

①作用　低钙血症

用法　5～15 ng/kg，p.o.，q24 h

②作用　慢性肾衰竭

用法　1～3 ng/kg，p.o.，q24 h

③作用　脂溢性皮炎

用法　犬：10 ng/kg，p.o.，q24 h

七、植物神经系统用药

(一)拟胆碱药

1. 依酚氯铵/腾喜龙(Edrophonium Chloride)

规格　针剂:1 mg(10 mL)

作用　重症肌无力诊断

用法　犬:0.1～0.2 mg/kg,i.v.,最大剂量 5 mg

幼犬:0.1～0.5 mg/只,i.v.

猫:0.1 mg/kg,i.v.;或 0.25～0.5 mg/只,i.v.

2. 新斯的明(Neostigmine)

规格　针剂:0.5 mg(1 mL)、1 mg(2 mL)

①作用　重症肌无力

用法　犬:0.01～0.1 mg/kg,i.m.,i.v.,s.c.;

长期使用方案 0.1～0.25 mg/kg,

p. o. , q4 h(每日总剂量不超过 2 mg/kg)

②作用　兴奋平滑肌、便秘、尿潴留、膀胱麻痹

用法　0. 01～0. 02 mg/kg, s. c. , i. m.

3. 吡斯的明(Pyridostigmine)

规格　片剂：60 mg

作用　重症肌无力

用法　犬：0. 5～3 mg/kg, p. o. , q8～12 h, 随餐

猫：1～3 mg/kg, p. o. , q8～12 h

(二)抗胆碱药

1. 硫酸阿托品(Atropine SO_4)

规格　针剂：0. 5 mg(1 mL)、1 mg(2 mL)、5 mg(1 mL)

片剂：0. 3 mg

①作用　窦性心动过缓、窦房传导阻滞

用法　0. 01～0. 04 mg/kg, i. m. , s. c. , i. v. , 遵照医嘱

②作用　阿托品应答测试

用法　0.04 mg/kg,i.m.

③作用　麻醉前给药

用法　0.02～0.04 mg/kg,s.c.,i.m.,i.v.,遵照医嘱

④作用　拟胆碱药中毒

用法　犬:0.2～2 mg/kg,1/4i.v.,剩下的s.c.,i.m.

猫:0.25～0.5 mg/kg,1/4i.v.,剩下的s.c.,i.m.

⑤作用　唾液分泌过多、多涎(症)

用法　0.02～0.04 mg/kg,s.c.,遵照医嘱

2. 格隆溴铵/胃长宁(Glycopyrronium Bromide)

规格　片剂:1 mg

针剂:0.2 mg(1 mL)

①作用　窦性心动过缓、心脏传导阻滞

用法　5～10 μg/kg,i.v.,i.m.

②作用　多涎(症)

用法　0.01 mg/kg，s.c.，遵照医嘱

③作用　前躯麻醉

用法　0.01～0.02 mg/kg，s.c.，i.m.

④作用　抑制胃酸

用法　0.01 mg/kg，s.c.，i.m.，q24 h

3. 颠茄酊(Tinctura Belladonnae)

作用　胃肠平滑肌痉挛、胃酸过多

用法　犬：0.1～1 mL/只，p.o.

4. 氢溴酸东莨菪碱(Scopolamine Hydrobromide)

规格　针剂：0.3 mg(1 mL)、0.5 mg(1 mL)

作用　兴奋呼吸、抑制分泌

用法　犬：0.1～0.3 mg/只，s.c.

5. 氢溴酸山莨菪碱/654-2(Anisodamine Hydrobromide)

规格　片剂：5 mg、10 mg

针剂：5 mg、10 mg、20 mg

作用　中毒性休克、内脏平滑肌痉挛

用法　犬：3～10 mg/只，i.m.，i.v.

(三)拟肾上腺素药

1. 肾上腺素/副肾素(Adrenaline)

规格　针剂:0.5 mg(0.5 mL)、1 mg(1 mL)

①作用　心脏骤停、过敏休克、荨麻疹、气喘等

用法　犬:0.1～0.5 mL/只,s. c. ,i. v. ,i. m. ,心室内注射

猫:0.1～0.2 mL/只,s. c. ,i. v. ,i. m. ,心室内注射

犬、猫使用时,生理盐水稀释 10 倍

②作用　气管痉挛

用法　0.02 mg/kg,i. v. ,i. m. ,s. c.

2. 盐酸多巴胺(Dopamine Hydrochloride)

规格　针剂:20 mg(2 mL)

①作用　多种类型的休克、强心

用法　犬:2～10 μg/(kg·min),i. v. ,给药期间需监护

猫:1～5 μg/(kg·min),i. v.

②作用　少尿性肾衰竭

用法　0.5～3 μg/(kg · min),i. v.

3. 多巴酚丁胺/杜丁胺(Dobutamine)

规格　针剂:250 mg(5 mL)

①作用　正性肌力

用法　犬:2.5～20 μg/(kg · min),i. v.

猫:1～2 μg/(kg · min),i. v.

②作用　肺动脉高压

用法　犬:5～7 μg/(kg · min),i. v.

③作用　肾血管舒张、急性肾衰

用法　1～10 μg/(kg · min),i. v.,加入5%葡萄糖溶液

4. 重酒石酸间羟胺/阿拉明(Metaraminol Bitartrate)

规格　针剂:10 mg(1 mL)

作用　升血压、休克

用法　犬:0.01～0.1 mg/kg,i. v.,加入5%葡萄糖溶液

5. 去氧肾上腺素(Phenylephrine)

规格　针剂:10 mg(1 mL)

作用　血管加压

用法　犬:0. 01 mg/kg,i. v. ,给药期间需监护

6. 甲氧明/美速胺(Methoxamine)

规格　针剂:20 mg(1 mL)

作用　血管加压、心脏骤停、休克

用法　犬:0. 04～0. 08 mg/kg,i. v. ;或 0. 2～0. 25 mg/kg,i. m.

(四)抗肾上腺素药

1. 司来吉兰/丙炔苯丙胺(L-deprenyl)

规格　片剂:5 mg

①作用　肾上腺皮质功能亢进

用法　犬:1 mg/kg,p. o. ,q24 h

②作用　认知机能障碍、震颤麻痹

用法　犬:0. 5～1 mg/kg,p. o. ,q24 h

猫:1 mg/kg,p. o. ,q24 h

2. 普萘洛尔/心得安(Propranolol)

规格　片剂:10 mg

针剂:5 mg(5 mL)

①作用　室性心律失常

用法　犬:0.02～0.08 mg/kg,i.v.,10 min 以上;或 0.2～1 mg/kg,p.o.,q8 h

猫:0.2～0.6 mg/kg,i.v.,10 min 以上;或 2.5～5 mg/只,p.o.,q8 h

②作用　内分泌病导致的过速心律失常、某种中毒

用法　犬:0.15～1.0 mg/kg,p.o.,q8 h;或 0.01～0.1 mg/kg,i.v. 5～10 min 及以上

猫:2.5～5 mg/只,p.o.,q8～12 h

③作用　后天性的颤抖

用法　犬:1 mg/kg,p.o.,q8 h

④作用　肥大性心肌疾病

用法　≤4.5 kg 的猫:2.5 mg/只,p.o.,q8～12 h

≥5 kg 的猫:5 mg/只,p. o. ,q8～12 h

⑤作用　高血压

用法　犬:2.5～80 mg/只;或 0.15 mg/kg, p. o. ,q8～12 h

猫:2.5～10 mg/只,p. o. ,q8～12 h

⑥作用　低血糖症

用法　犬:10～40 mg/只,p. o. ,q8 h

⑦作用　某种行为异常

用法　犬:0.5～3 mg/kg,p. o. ,q12 h

猫:0.2～1 mg/kg,p. o. ,q12 h

八、维生素、微量元素、能量及水盐代谢药

(一)脂溶性维生素

1. 维生素 A/视黄醇(Vitamin A)

规格　胶丸:5 000 IU、2.5 万 IU

针剂:2.5 万 IU(1 mL)

①作用　食品添加物

用法　犬:100～500 IU,p.o.,i.m.,q24 h,连用 10～30 d

猫:30～100 IU,p.o.,q24 h

②作用　维生素 A 应答皮肤病、干眼病、夜盲症

用法　犬:1 万 IU,p.o.,q24 h 或多次

2. 双氢速甾醇(Dihydrotachysterol)

规格　片剂:0.2 mg

胶囊:0.1 mg、0.25 mg、1 mg

油溶液:1 mg/mL

作用　低血钙、促进钙吸收

用法　0.02 mg/kg,p.o.,q24 h,连用 3 d,之后 0.01～0.02 mg/kg,p.o.,q24～48 h

3. 维生素 E/生育酚(Vitamin E)

规格　片剂:50 mg、100 mg

胶丸:5 mg、50 mg、100 mg

针剂:50 mg(1 mL)、500 mg(10 mL)

①作用　痛性痉挛

用法　犬:125 IU/(kg·d),p.o.,i.m.

②作用　退行性脊髓病

用法　犬:2 000 IU/d,p.o.,和氨基己酸合用

③作用　维生素 E 缺乏性肌炎、皮肌炎

用法　犬:200～400 IU,p.o.,i.m.,q12～24 h

④作用　黑(色)棘皮症、中骨的成瘘

用法　犬:200 IU,p.o.,q12 h

⑤作用　盘状狼疮、其他免疫皮肤病

用法　犬：200～800 IU，p. o.，i. m.，外用，q12 h

⑥作用　全脂肪织炎

用法　猫：10～20 IU/kg，p. o.，q12 h

4. 维生素 K_1（Vitamin K_1）

规格　针剂：10 mg(1 mL)

①作用　肝硬化

用法　猫：0. 5 mg/kg，s. c.，q12 h

②作用　华法林中毒、香豆素类中毒、维生素 K 缺乏病

用法　犬：0. 5～1. 5 mg/kg，s. c.，p. o.，q8～12 h，连用 7～14 d，之后 1 mg/(kg·d)，p. o.，连用 4～6 周

猫：a)5 mg，p. o.，q24 h；或 10 mg，p. o.，每周 2 次

b)5～20 mg，s. c.，q12 h，针对凝血紊乱

③作用　抗凝血

用法　0.5～2 mg/kg，s. c.，i. m.，i. v.

(二)水溶性维生素

1. 维生素 B_1/硫胺素(Thiamine)

规格　片剂：10 mg、50 mg

针剂：10 mg(1 mL)、25 mg(1 mL)、250 mg(10 mL)

①作用　癫痫发作

用法　25～50 mg，i. m.

②作用　硫胺素缺乏、吸收不良

用法　犬：10 mg/kg，s. c.，i. m.，q24 h，连用 3～4 d

猫：10～20 mg/kg，i. m.，s. c.，q8～12 h，到症状减轻；之后 10 mg，p. o.，q24 h，连用 21 d

③作用　乙二醇中毒

用法　10～100 mg/kg，p. o.

2. 维生素 B_2/核黄素(Vitamin B_2)

规格　片剂:5 mg、10 mg

　　　针剂:20 mg(2 mL)

作用　口炎、皮炎、角膜炎

用法　犬:10～20 mg/只,p. o. ,i. m. ,s. c.

　　　猫:5～10 mg/只,p. o. ,i. m. ,s. c.

3. 维生素 PP/烟酰胺/烟酸(Nicotinamide)

规格　片剂:50 mg、100 mg

　　　针剂:50 mg(1 mL)、100 mg(1 mL)

作用　跖骨瘘、绿脓杆菌肉芽肿、天疱疮、盘状狼疮、巩膜外层炎

用法　2.5～5 mg/只,p. o. ,q8～12 h,和四环素合用

4. 泛酸钙/本多生酸钙(Calcium Pantothenate)

规格　片剂:5 mg、10 mg

作用　由泛酸缺乏引起的胃肠炎、肾出血、脂肪浸润等

用法　20～40 mg/只,p. o.

5. 维生素 B_6/吡哆醇(Vitamin B_6)

规格　片剂:10 mg

针剂:25 mg(1 mL)、50 mg(1 mL)、100 mg(2 mL)、500 mg(10 mL)

作用　皮炎、神经炎、异烟肼等中毒

用法　20～80 mg/只,p. o. ,s. c. ,i. m. ,i. v.

6. 维生素 B_{12}/氰钴维他命(Cyanocobalamin)

规格　针剂:0.05 mg(1 mL)、0.100 mg(1 mL)、0.25 mg(1 mL)、0.5 mg(1 mL)、100 mg(1 mL)

①作用　食品添加物

用法　犬:100～200 μg/d,p. o. ,s. c.

猫:50～100 μg/d,p. o. ,s. c.

②作用　维生素 B_{12} 吸收不良、胰腺外分泌机能不全、贫血

用法　犬:a)0.25～100 mg,s. c. ,i. m. ,每周 1 次,连用 1 个月,然后每 3 个月 1 次

b)0.5～100 mg，i.m.，q24 h，连用 7 d，之后每 3～6 个月 1 次

猫：0.1～0.2 mg，s.c.，每周 1 次

7. 复合维生素 B(Compound Vitamin B)

规格　溶液剂：60 mL/瓶、120 mL/瓶

片剂：100 片/瓶

针剂：2.0 g(mL)

作用　B 族维生素缺乏引起的厌食、营养不良、口炎、糙皮病等

用法　犬：片剂：1～2 片/只，p.o.，q8 h

针剂：0.5～2 mL/只，i.m.

猫：片剂：0.5～1 片/只，p.o.，q8 h

针剂：0.5～1 mL/只，i.m.

8. 抗坏血酸/维生素 C(Ascorbic Acid)

规格　片剂：25 mg、50 mg、100 mg

针剂：100 mg(2 mL)、250 mg(2 mL)

①作用　还原高铁血红蛋白(扑热息痛中毒)磺胺、巴比妥类药物中毒、重金属中毒

用法　30～40 mg/kg，p. o.，s. c.，q6 h，连用 7 d

②作用　坏血病、感染和感染性休克的辅助药

用法　50～80 mg/kg，p. o.，i. m.，i. v.，q24 h

③作用　酸化尿路

用法　犬：100～500 mg，p. o，q8～24 h，根据尿液 pH 调整

猫：100 mg，p. o.，q8～12 h，根据尿液 pH 调整

9. 叶酸/维生素 M(Folinic Acid)

规格　片剂：5 mg

①作用　食品添加剂、叶酸缺乏、贫血

用法　犬：1～5 mg/只，p. o.，s. c.，q24 h；或 4～10 μg/kg，p. o.，每周 1 次

猫：2. 5 mg/只，p. o.，q24 h

②作用　补充乙胺嘧啶

用法　1 mg/d，p. o.

（三）钙磷与微量元素

1. 葡萄糖酸钙（Calcium Gluconate）

规格　针剂：1.0 g（20 mL）、5 g（50 mL）、10 g（100 mL）、50 g（500 mL）

①作用　室性心搏暂停、心房停滞

用法　10% 溶液：0.4～1.0 mL/kg，i.v.，遵照医嘱

②作用　低血钙、高血钾

用法　10% 溶液：

a）0.5～1.5 mL/kg，加入 10 mL 5% 葡萄糖溶液，输液 20～30 min，6～8 h 后重复给药

b）10～15 mL/kg，i.v.，加入 5% 葡萄糖溶液

片剂：150～250 mg/kg，p.o.，q8～12 h

③作用　惊厥、难产

用法　a)30～100 mg/(kg·d),p.o.

b)0.2～0.4 mL/kg,i.m.,s.c.

c)1～10 mL,i.v.,到见效

2. 氯化钙(Calcium Chloride)

规格　针剂:300 mg(10 mL)、500 mg(10 mL)、600 mg(20 mL)、1.0 g(20 mL)

①作用　低血钙症、过敏、镁中毒

用法　犬:0.5～1.5 g/只,i.v.

②作用　心室收缩不全

用法　10%注射液,1 mL/kg,i.v.

3. 碳酸钙(Calcium Carbonate)

规格　片剂:500 mg

作用　低血钙、惊厥、软骨病、佝偻病、慢性肾病

用法　100～150 mg/kg,p.o.,q8～12 h;或1～3 g/只,p.o.,q24 h

4. 乳酸钙(Calcium Lactate)

规格　片剂:250 mg、500 mg

作用　低血钙、惊厥、软骨病、佝偻病

用法　130～200 mg/kg，p. o.，q8 h

5. 硫酸锌(Zinc Sulfate)

规格　针剂：1 mg/mL、5 mg/mL

作用　锌缺乏、肝病

用法　犬：5～10 mg/kg，p. o.，q12 h，与食物混合，连用 3～6 个月

6. 阿仑膦酸钠(Alendronate Sodium)

规格　片剂：5 mg、10 mg、35 mg、40 mg、70 mg

①作用　反复性高血钙

用法　犬：0.5～1 mg/kg，p. o.，q24 h

②作用　组织细胞肉瘤合并治疗

用法　犬：起始剂量 70 mg/m^2，p. o.，q24 h，连用 14 d，之后 q48 h，连用 14 d；之后每周 1 次。检测食道问题

③作用　猫破牙细胞重吸收病灶

用法　猫：3 mg/kg，p. o.，q12 h

④作用　自发性高血钙

用法　猫:2 mg/kg,p.o.,每周 1 次

7. 依替膦酸钠(Etidronate Disodium)

规格　片剂:200 mg、400 mg

作用　肿瘤引起的严重高钙血症

用法　犬:5～15 mg/kg,p.o.,q12～24 h

猫:5～20 mg/kg,p.o.,q24 h

8. 碳酸镧(Lanthanum Carbonate)

规格　片剂:500 mg、750 mg、1 g

作用　降血磷

用法　30～50 mg/kg,p.o.,q24 h,随餐

9. 司维拉姆(Sevelamer)

规格　片剂:400 mg、800 mg

作用　降血磷

用法　30～40 mg/kg,p.o.,q8 h,调整至期望血清磷浓度

(四)水、电解质调节药

1. 0.9%氯化钠/生理盐水(Sodium Chloride)

规格　针剂:0.9%(10 mL/支)、10%(10 mL/支)、0.9%(500 mL/瓶)、0.9%(1 000 mL/瓶)

粉剂:500 g/袋

作用　补充体液

用法　犬:100～500 mL/只,i.v.

猫:40～50 mL/只,i.v.

2. 碳酸氢钠/小苏打(Sodium Bicarbonate)

规格　片剂:0.3 g、500 mg

针剂:500 mg(10 mL)、12.5 g(250 mL)

①作用　心肺复苏、心房停顿

用法　42～84 mg/kg,i.v.,q5～10 min

②作用　严重的酸中毒

用法　84～168 mg/kg,i.v.(缓慢)

③作用　急性肾衰时血钾过多

用法　42～168 mg/kg，i. v.，不少于 20～30 min

④作用　慢性肾衰

用法　15 mg/kg，p. o.，q8 h

⑤作用　碱性尿

用法　0.6～6 g/d，p. o.

⑥作用　某些中毒

用法　50 mg/kg，p. o.，q8～12 h

3. 氯化钾(Potassium Chloride)

规格　片剂：250 mg、500 mg

针剂：1.0 g(10 mL)

①作用　血清钾缺乏

用法　a)150～750 mg/(kg · d)，i. v.(缓慢)

b)1.5～3 g/(次 · L)，i. v.(缓慢)

②作用　低血钾多发性肌病

用法　a)30 mg/(kg · h)，i. v.(缓慢)

b)40～80 mg/只，i. v.(缓慢)

4. 磷酸钠(Sodium Phosphate)

规格　片剂:10 mg、15 mg、50 mg

作用　高钙血症

用法　1～3 g 溶于水中(1 ∶ 1),10～20 mL,p. o. ,每日 1～3 次,直到粪便变软

5. 口服补液盐(Oral Rehydration Salt)

规格　粉剂:5 g、25 g

作用　补充体液

用法　27.5 g 溶于 1 000 mL 水,灌服或自饮

九、心血管系统用药

(一)强心药

1. 地高辛/狄戈辛(Digoxin)

规格　片剂:0.25 mg

针剂:0.5 mg(2 mL)

作用　充血性心力衰竭、室上心律过速

用法　犬:2.2～4.4 μg/kg,i.v.,q12 h;或4～7 μg/kg,p.o.,q12 h(<22 kg);3～5 μg/kg,p.o.,q12 h(>22 kg)

猫:1～1.64 μg/kg,i.v.,q12 h;或10 μg/kg,p.o.,q48 h

2. 氨吡酮/氨双吡酮/氨利酮(Amrinone)

规格　片剂：100 mg

针剂：50 mg(2 mL)、100 mg(2 mL)

作用　心力衰竭

用法　1～3 mg/kg，i. v.（缓慢），之后 10～100 μg/(kg· min)，i. v.，在第一次注射 20～30 min 后可再注射半剂量

3. 多巴酚丁胺/杜丁胺(Dobutamine)

（见拟肾上腺素药）

4. 格隆溴铵/胃长宁(Glycopyrronium Bromide)

（见抗胆碱药）

5. 盐酸多巴胺(Dopamine Hydrochloride)

（见拟肾上腺素药）

6. 肾上腺素/副肾素(Adrenaline)

（见拟肾上腺素药）

(二)抗心律失常药

1. 阿替洛尔/氨酰心安/美氏脾速降压灵(Atenolol)

规格　片剂:25 mg、50 mg

①作用　室上心动过速

用法　犬:0.5～1 mg/kg,p.o.,q12 h

猫:0.5～2 mg/kg,p.o.,q12～24 h

②作用　高血压

用法　0.25～1 mg/kg,p.o.,q12 h

2. 葡萄糖酸钙(Calcium Gluconate)

(见钙、磷与微量元素)

3. 地尔硫卓(Diltiazem)

规格　片剂:30 mg、60 mg

①作用　肥大性心肌病、室上过速心律失常

用法　犬:0.2～2 mg/kg,p.o.,q8 h;或0.05～0.25 mg/kg,i.v.,1～2 min

猫:0.5～2.5 mg/kg,p.o.,q8 h;或0.05～0.25 mg/kg,i.v.,1～2 min

②作用　肺动脉高压

用法　犬:1～2 mg/kg,p.o.,q8 h

4. 硝酸异山梨酯/心痛治/消心痛(Isosorbide Dinitrate)

规格　片剂:2.5 mg、5 mg、10 mg

缓释片:5 mg、20 mg

作用　血管舒张、心痛、心力衰竭

用法　犬:0.25～2.0 mg/kg,p.o.,q12 h

5. 利多卡因(Lidocaine)

规格　针剂:2%:5 g(mL)

作用　室性心律失常

用法　犬:2～8 mg/kg,i.v.,其中 2 mg/kg 推注,之后以 0.025～0.1 mg/(kg·min)恒速输注

猫:0.25～2.0 mg/kg,i.v.(缓慢),其中 0.25～0.5 mg/kg 推注,之后以 0.025～0.5 mg/(kg·min)恒速输注

6. 美西律/脉律定/慢心律(Mexiletine)

规格　片剂:50 mg、100 mg

针剂:100 mg(2 mL)

作用　室性心律失常

用法　犬:4～8 mg/kg,p. o. ,q8～12 h

7. 辅酶 Q_{10} (Coenzyme Q_{10})

规格　片剂:10 mg

作用　抗冠心病、抗心衰、抗心律失常、降压

用法　10 mg/只,p. o. ,q12～24 h

8. 丙吡胺/异脉定/达舒平(Disopyramide)

规格　片剂:100 mg

针剂:50 mg(5 mL)

作用　房性早搏、阵发性房性心动过速

用法　犬:6～30 mg/kg,p. o. ,q8 h;或 2 mg/kg, i. v. (缓慢)

9. 胺碘酮/可达龙/威力调心灵(Amiodarone)

规格　片剂:100 mg、200 mg、400 mg

作用　室性和室上性心动过速和早搏

用法　犬:8～10 mg/kg,p. o. ,q12 h

10. 苯妥英(Phenytoin)

规格　片剂:50 mg、100 mg

针剂:100 mg、250 mg

作用　室性心律失常

用法　犬:2～4 mg/kg,i. v. ,逐渐增量,最大剂量 10 mg/kg

10～35 mg/kg,p. o. ,q8 h

11. 普萘洛尔/心得安(Propranolol)

(见抗肾上腺素药)

12. 奎尼丁(Quinidine)

规格　片剂:200 mg

针剂:500 mg(10 mL)

作用　室性心律失常

用法　6～20 mg/kg,i. m. ,p. o. ,q6～8 h

13. 索他洛尔(Sotalol)

规格　片剂:80 mg

　　　针剂:5 mg/支

作用　房室性心动过速

用法　犬:1～2 mg/kg,p. o. ,q12 h

　　　猫:2 mg/kg,p. o. ,q12 h

14. 维拉帕米/异搏定(Verapamil)

规格　片剂:40 mg

　　　针剂:5 mg(2 mL)

　　　缓释片剂:240 mg

作用　室上性心律失常

用法　犬:0. 5～3 mg/kg,p. o. ,q8 h 或 0. 05 mg/kg,i. v. ,推注超过 5～10 min。如果需要,以 0. 025 mg/kg,i. v. ,q5 min 追加剂量,最多可重复 4 次

　　　猫:0. 5～1 mg/kg,p. o. ,q8 h;或 0. 025 mg/kg,i. v. ,推注超过 5 min。如果需要,以 0. 025 mg/kg,i. v. ,q5 min 追加剂量,最多可重复 8 次

15. 卡维地洛/卡维洛尔(Carvedilol)

规格　片剂:3.125 mg、6.25 mg、12.5 mg、25 mg

作用　控制瓣膜性心脏病,β-受体阻断剂

用法　犬:初始剂量 0.05～0.1 mg/kg, p.o.,q12 h,在 2 周内增加剂量至 0.3～0.4 mg/kg,p.o.,q12 h

16. 艾司洛尔(Esmolol)

规格　注射剂:10 mg/mL

①作用　β-受体阻断剂

用法　犬:0.25～0.5 mg/kg,i.v.(缓慢,超过 2 min),之后以 10～200 μg/(kg·min)恒速输注

②作用　室上性心动过速

用法　犬:0.05～0.1 mg/kg,i.v.(缓慢,超过 2 min),q5 min 重复 1 次,总剂量不超过 0.5 mg/kg

③作用　肥厚性心肌病

用法　猫：0.25～0.5 mg/kg，i.v.（缓慢，超过 2 min），之后以 10～200 μg/(kg·min)恒速输注

17. 米力农/米利酮(Milrinone)

规格　注射剂：1 mg/mL

作用　扩张型心肌病引起的心力衰竭

用法　犬：0.5～1 mg/kg，p.o.，q12 h

18. 匹莫苯丹(Pimobendan)

规格　胶囊：1.25 mg、2.5 mg、5 mg

作用　二尖瓣反流、扩张型心肌病引起的心衰

用法　犬：0.25 mg/kg，p.o.，q12 h，餐前 1 h 使用

猫：1.25～1.5 mg/只，p.o.，q12 h

19. 雷米普利(Ramipril)

规格　片剂：0.625 mg、1.25 mg、2.5 mg、5 mg

①作用　心衰

用法　0.125～0.25 mg/kg，p.o.，q24 h

②作用　高血压

用法　猫：0.125 mg/kg，p.o.，q24 h

20. 西地那非(Sildenafil)

规格　片剂：25 mg、50 mg、100 mg

作用　肺动脉高压

用法　犬：1～2 mg/kg，p.o.，q8 h

猫：0.5～1 mg/kg，p.o.，q12 h

(三)止血药

1. 维生素 K_1 (Vitamin K_1)

(见脂溶性维生素)

2. 维生素 K_3/亚硫酸氢钠甲萘醌(Vitamin K_3)

规格　针剂：4 mg(1 mL)、40 mg(10 mL)

作用　维生素 K 缺乏引起的出血、贫血

用法　犬：10～30 mg/只，i.m.；或 0.2 mg/kg，i.m.，q12 h

猫：5～10 mg/只，i.m.；或 0.2 mg/kg，i.m.，q12 h

3. 酚磺乙胺/止血敏(Etamsylate)

规格　针剂:0.25 mg(2 mL)、1.25 mg(10 mL)

作用　内脏出血、鼻出血、手术出血

用法　犬:2～4 mL/只,i.m.,i.v.

猫:1～2 mL/只,i.m.,i.v.

4. 血凝酶/立止血(Hemocoagulase Atrox)

规格　冻干粉针剂:1 000 U

作用　内脏出血、鼻出血、手术出血等

用法　1 000～2 000 U/只,i.m.,i.v.,q24 h

5. 安络血/肾上腺色素缩氨脲(Adrenobazone)

规格　片剂:2.5 mg

针剂:10 mg(2 mL)

作用　毛细血管出血、肺出血、胃肠出血、血尿等

用法　1～2 mL/只,i.m.,q12 h

2.5～5 mg/只,p.o.,q12 h

6. 硫酸鱼精蛋白(Protamine Sulfate)

规格　针剂:50 mg(5 mL)、100 mg(10 mL)

作用　肝素拮抗物

用法　犬：100 mg，中和 100 U 肝素

7. 淀粉海绵/明胶海绵（Starch Sponge/Gelatin Sponge）

作用　创腔术部按压止血

8. 肾上腺素

作用　0.1%溶液，创面、外伤止血

（四）抗凝血药

1. 肝素/肝素钠（Heparin）

规格　针剂：1 000 U(2 mL)、5 000 U(2 mL)、12 500 U(2 mL)

①作用　动脉栓塞、血栓性静脉炎

用法　犬：200～500 U/kg，i. v.

猫：250～300 U/kg，s. c.，q8 h，之后 250～300 U/kg，s. c.，q6～8 h

②作用　弥散性血管内凝血

用法　75～100 U/kg，s. c.，i. v.，q6～8 h；

或 150～200 U/kg,s. c. ,q6 h

③作用　烧伤

用法　100～200 U/kg,i. v.

④作用　留置针封口

用法　生理盐水稀释为 10 U/mL 溶液,冷藏保存

2. 枸橼酸钠/柠檬酸钠(Sodium Citrate)

规格　针剂:0. 25 mg(10 mL)

作用　抗凝血

用法　体外抗凝,10 mL 加全血 100 mL

3. 华法林/苄丙酮香豆素(Warfarin)

规格　片剂:2. 5 mg、5 mg、7. 5 mg、10 mg

作用　阻止血栓栓塞

用法　犬:0. 2 mg/kg,p. o. ,q24 h

猫:0. 1～0. 2 mg/kg,p. o. ,q24 h

维持凝血酶原时间通常 2～2. 5 次

4. 氯吡格雷(Clopidogrel)

规格　片剂:75 mg、300 mg

作用　预防血栓形成、抑制血小板凝集

用法　犬:2～4 mg/kg,p. o. ,q24 h

猫:1～3 mg/kg,p. o. ,q24 h

(五)抗贫血、补血药

1. 促红细胞生成素(Erythropoietin)

规格　针剂:2 000 U、3 000 U、4 000 U、10 000 U

①作用　肾衰性贫血

用法　50～150 U/kg,s. c. ,2～3 次/周,遵照医嘱

②作用　骨髓增生异常病症

用法　犬:100 U/kg,s. c. ,q48 h,连用 10 d

2. 硫酸亚铁/绿矾/铁矾(Ferrous Sulfate)

规格　片剂:0. 3 g

作用　补铁、缺铁性贫血

用法　犬:100～300 mg/只,p. o. ,q24 h

猫:50～100 mg/只,p. o. ,q24 h

3. 右旋糖酐铁/葡聚糖铁(Iron Dextran)

规格　片剂:25 mg

针剂:100 mg(2 mL)、200 mg(2 mL)、500 mg(10 mL)、1.0 g(10 mL)、2.5 g(50 mL)、5 g(50 mL)

作用　缺铁性贫血

用法　犬:10～20 mg/kg,p.o.,s.c.,i.m.

4. 人造血浆(Artificial Plasm)

规格　输液袋:20 mL

作用　补血

用法　犬:2 mL/kg,i.v.,q12 h

5. 达贝泊汀(Darbepoetin)

规格　注射剂:25 mg/0.42 mL、25 mg/mL、40 mg/0.4 mL、40 mg/mL、60 mg/0.3 mL、60 mL/mL、100 mg/0.5 mL、100 mg/mL、150 mg/0.3 mL、150 mg/0.75 mL、200 mg/0.4 mL、200 mg/mL、

300 mg/0.6 mL、300 mg/mL、500 mg/mL

作用　促进红细胞生成

用法　0.25～0.5 μg/kg，s.c.，每周1次

6. 叶酸/维生素M(Folic Acid)

(见水溶性维生素)

7. 维生素 B_{12}/氰钴维他命(Cyanocobalamin)

(见水溶性维生素)

(六)血容量扩充药

1. 全血或血浆

规格　输液袋：20 mL

作用　扩充血容量、抗贫血

用法　2 mL/kg，i.v.

2. 羟乙基淀粉(Hydroxyethyl Starch)

规格　针剂：6%溶液500 mL包装(6 g/500 mL)

作用　休克、低蛋白血症、心肺复苏

用法　犬:10～20 mL/kg,i. v.,单日最高剂量不超过 20 mL/kg

猫:5～10 mL/kg,i. v.,单日最高剂量不超过 10 mL/kg

3. 血红蛋白(Oxyglobin)

规格　输液袋:60 mL、125 mL

①作用　急腹症、氧不足

用法　犬:10～15 mL/kg,i. v.

猫:5～10 mL/kg,i. v.

②作用　红细胞替代品

用法　犬:10～30 mL/kg,i. v.,加温至 37℃

(七)降血压药

1. 二氮嗪/降压嗪(Diazoxide)

规格　针剂:300 mg,附专用溶剂 20 mL

①作用　低血糖症

用法　犬:3. 3～20 mg/kg,p. o.,q8 h

②作用　高血压

用法　1～3 mg/kg 快速静脉注射(<30 s)，单次最大剂量 150 mg

2. 氨氯地平/阿洛地平/络活喜(Amlodipine)

规格　片剂:2.5 mg、5 mg、10 mg

作用　高血压、血管扩张

用法　犬:0.05～0.1 mg/kg,p.o.,q24 h

猫:0.625～1.25 mg/只,p.o.,q24 h

3. 贝那普利(Benazepril)

规格　片剂:5 mg、10 mg

①作用　抗高血压

用法　犬:0.25～0.5 mg/kg,p.o.,q24 h

猫:0.5～1 mg/kg,p.o.,q24 h

②作用　蛋白流失性肾病

用法　犬:0.25～1 mg/kg,p.o.,q12～24 h

猫:0.25～0.5 mg/kg,p.o.,q12～24 h

③作用　心衰辅助治疗

用法　0.25～0.5 mg/kg,p.o.,q12～24 h

4. 卡托普利/开博通(Captopril)

规格　片剂：12.5 mg、25 mg、50 mg、100 mg

作用　扩张性心肌病、高血压

用法　犬：0.5～2 mg/kg，p.o.，q8～12 h

猫：0.5～1.25 mg/kg，p.o.，q8～12 h

5. 依那普利/悦宁定(Enalapril)

规格　片剂：5 mg

作用　高血压、心力衰竭、瓣膜关闭不全

用法　犬：0.25～1 mg/kg，p.o.，q12～24 h

猫：0.25～0.5 mg/kg，p.o.，q12～24 h

6. 赖诺普利(Lisinopril)

规格　片剂：2.5 mg、5 mg、10 mg、20 mg

作用　充血性心衰、降血压

用法　犬：0.25～0.5 mg/kg，p.o.，q12～24 h

猫：0.25～0.5 mg/kg，p.o.，q24 h

7. 肼屈嗪/阿普利素灵(Hydralazine)

规格　片剂：10 mg、25 mg、50 mg

针剂:20 mg(1 mL)

作用　血管舒张剂、心力衰竭、高血压

用法　犬:0.5～3 mg/kg,p.o.,q8～12 h

猫:0.5～2 mg/kg,p.o.,q12 h

8. 哌唑嗪(Prazosin)

规格　片剂:1 mg、2 mg、5 mg

①作用　系统性高血压

用法　犬:1 mg/只(<15 kg),2 mg/只(>15 kg),p.o.,q8～12 h

猫:0.25～1 mg/只,p.o.,q8～12 h

②作用　降低尿道阻力

用法　犬:1 mg,p.o.,q12～24 h

猫:0.25～0.5 mg,p.o.,q12～24 h;或 0.03 mg/kg,i.v.

十、消化系统用药

(一)助消化药

1. 奥沙西泮/舒宁(Oxazepam)

规格　片剂:15 mg、30 mg

①作用　刺激食欲

用法　犬:0.2～0.4 mg/kg,p.o.,q24 h

猫:2 mg/只,p.o.,q12 h

②作用　抗焦虑

用法　犬:0.2～0.5 mg/kg,p.o.,q12～24 h

猫:0.2～0.4 mg/kg,p.o.,q12～24 h,24 h内总量不超过2 mg

2. 胰酶/胰液素(Pancreatin)

规格　片剂:300 mg、500 mg

作用　胰腺疾病或胰液分泌不良

用法　犬:200～500 mg/只,p.o.

猫:100～200 mg/只,p. o.

3. 多酶片(Multienzyme Tablets)

规格　每片含淀粉酶 0. 12 g、胃蛋白酶 40 mg、胰酶 0. 12 g

作用　促进消化、增进食欲

用法　30 mg/kg,p. o. ,q12 h

4. 西沙必利/优尼比利(Cisapride)

规格　片剂:5 mg、10 mg

①作用　胃蠕动紊乱、止吐、慢性便秘

用法　犬:0. 1～0. 5 mg/kg,p. o. ,q8～12 h

猫:0. 3～0. 5 mg/kg,p. o. ,q8～12 h

②作用　减少巨食道引起的反流

用法　犬:0. 55 mg/kg,p. o. ,q24 h

③作用　膀胱弛缓

用法　犬:0. 5 mg/kg,p. o. ,q8 h

猫:1. 25～5. 0 mg/只,p. o. ,q8～12 h

5. 乳果糖/杜秘克(Lactulose)

规格　溶液剂:15 mL

①作用　便秘、肝性脑病

用法　犬:5～15 mL/只,p. o. ,q8～12 h

猫:0. 5 mL/kg,p. o. ,q8～12 h;或 5～10 mL/只,灌肠

②作用　肝性脑病

用法　犬:15～30 mL/只,p. o. ,q24 h

猫:0. 25～1 mL/kg,p. o. ,q24 h

(二)抗酸、胃肠解痉药

1. 氢氧化镁(Magnesium Hydroxide)

规格　片剂:311 mg、400 mg

口服液:400 mg/5 mL、800 mg/5 mL、1 200 mg/5 mL

①作用　抗酸

用法　犬:5～30 mL/只,p. o. ,q12～24 h

猫:5～15 mL/只,p. o. ,q12～24 h

②作用　胃溃疡

用法　犬:2～10 mL/只,p. o. ,q4 h

③作用　酸性中毒解救药、缓泻剂

用法　5～15 mL/只,p. o. ,q12～24 h

2. 格隆溴铵/胃长宁(Glycopyrronium Bromide)

(见抗胆碱药)

3. 氢氧化铝/胃舒平(Algeldrate)

规格　片剂:500 mg、600 mg

混悬液:320 mg/5 mL

①作用　胃酸过多、胃溃疡

用法　犬:混悬液 2～10 mL,p. o. ,q2～4 h

片剂 250～500 mg,p. o. ,q6 h

猫:片剂 125 mg,p. o. ,q6 h

②作用　高磷血症

用法　犬:30～100 mg/(kg · d),随餐服用

猫:30～90 mg/(kg · d),随餐服用

4. 考来烯胺(Cholestyramine)

规格　粉剂:4 g

作用　短肠综合征、吸收不良

用法　犬:200 ～300 mg/kg,p. o. ,q12 h

5. 雷尼替丁/胃安太定(Ranitidine)

规格　片剂:150 mg

胶囊:150 mg

针剂:50 mg(2 mL)、50 mg(5 mL)

①作用　食管炎、胃逆流、巨结肠

用法　犬:2 mg/kg,p. o. ,q8～12 h

猫:1～2 mg/kg,p. o. ,q12 h

②作用　慢性胃炎、胃肠道溃疡、胰腺外分泌机能不全、肠道病毒

用法　犬:0. 5～2. 0 mg/kg,i. v. ,s. c. ,p. o. ,q8～12 h

猫:0. 5 mg/kg,i. v. ,q12 h;或 2. 5 mg/kg,p. o. ,q12 h

③作用　慢性肾功能衰竭导致的高胃泌素血症

用法　犬:1～2 mg/kg,p. o. ,q12 h;或 0. 5 mg/kg,i. v. ,s. c. ,q12 h

④作用　肥大细胞瘤效应

用法　0. 5～2 mg/kg,i. v. ,p. o. ,q12 h

6. 西咪替丁(Cimetidine)

规格　片剂:200 mg、0. 8 g

胶囊:200 mg

针剂:200 mg(2 mL)

①作用　食管炎、胃溃疡

用法　犬:5～10 mg/kg,p. o. ,q6～8 h

②作用　慢性胃炎、胃肠道溃疡、胰腺外分泌机能不全、病毒性肠炎

用法　犬:5～10 mg/kg,p. o. ,i. v. ,i. m. ,q6～8 h

猫:2. 5～5 mg/kg,p. o. ,i. v. ,q6～8 h

③作用　慢性肾衰

用法　犬:4 mg/kg,p. o. ,i. v. ,s. c. ,q8～12 h

④作用　肥大细胞瘤

用法　犬:4～6 mg/kg,p. o. ,i. v. ,q6～12 h

⑤作用　保护剂、非甾体抗炎

用法　犬:5～10 mg/kg,p. o. ,q8 h

7. 法莫替丁/保胃健/胃舒达(Famotidine)

规格　片剂:20 mg

针剂:20 mg(2 mL)

①作用　胃溃疡、食道炎、肠道病毒

用法　0.5～1 mg/kg, p.o., s.c., q12～24 h

②作用　肥大细胞瘤辅助治疗

用法　犬:0.5 mg/kg, p.o., s.c., q24 h

8. 尼扎替丁(Nizatidine)

规格　胶囊:150 mg

作用　便秘、巨结肠、胃溃疡

用法　2.5～5 mg/kg, p.o., q24 h;或
1 mg/kg, i.v., q12 h

9. 硫糖铝/胃溃宁/溃疡散(Sucralfate)

规格　片剂:250 mg
混悬液:24 g(120 mL)

作用　食道炎、胃肠道溃疡

用法　犬:每 25 kg 体重 0.5～1.0 g, p.o., q8～12 h
猫:0.25～0.5 g/只, p.o., q8～12 h

10. 柳氮磺吡啶/柳氮吡啶(Sulfasalazine)

规格　片剂:250 mg
栓剂:500 mg

①作用　慢性结肠炎

用法　犬:15～30 mg/kg,p. o. ,q8～12 h,最大剂量 6 g/d

猫:10～20 mg/kg,p. o. ,q12～24 h,慎用

②作用　皮肤脉管炎、角质层下脓疱皮肤病

用法　犬:10～20 mg/kg,p. o. ,q8 h,直到好转,之后逐减

11. 米索前列醇(Misoprostol)

规格　片剂:200 μg

①作用　非确定性过敏、瘙痒症

用法　犬:2～7.5 μg/kg,p. o. ,q8 h

猫:5 μg/kg,p. o. ,q8 h

②作用　胃肠保护剂

用法　犬:3～5 μg/kg,p. o. ,q6～8 h

12. 谷氨酰胺(Glutamine)

作用　胃肠道保护剂

用法　0.5 g/kg,p. o. ,q24 h;或 0.3 g/kg,i. v. ,与其他营养支持类药物合用

(三)催吐药

1. 吐根(Ipecac)

作用　催吐

用法　1～2 mL/kg，p. o.

2. 1%双氧水

作用　催吐

用法　2 mL/kg，p. o.

(四)止吐药

1. 胃复安/甲氧氯普胺/灭吐灵(Metoclopramide)

规格　片剂：5 mg

针剂：10 mL(1 mg)

①作用　胃能动性紊乱、止吐剂

用法　犬：0. 2～0. 5 mg/kg，p. o.，s. c.，q6～8 h；或 0. 01～0. 08 mg/(kg・h)，i. v.

猫：0. 1～0. 2 mg/kg，p. o.，s. c.，

q8 h；或 0.01 mg/(kg · h)，i.v.

②作用　胃逆流

用法　犬：0.2～0.4 mg/kg，p.o.，q6～8 h

③作用　家族性自主神经异常

用法　猫：0.3 mg/kg，p.o.，q8 h

④作用　增加膀胱收缩力

用法　0.2～0.5 mg/kg，p.o.，q8 h

2. 茶苯海明/晕海宁(Dimenhydrinate)

规格　片剂：25 mg、50 mg

①作用　晕车、晕船、呕吐

用法　4～8 mg/kg，p.o.，q8 h

②作用　胰腺炎辅助治疗

用法　猫：8 mg/kg，p.o.，q8 h

3. 美克洛嗪/氯苯甲嗪/敏可静(Meclizine)

规格　片剂：25 mg

①作用　晕车、呕吐

用法　犬：1～4 mg/kg，p.o.，q24 h；或 0.5 mg/kg，p.o.，q12 h

猫:1～2 mg/kg,p. o. ,q24 h

②作用　抗组胺

用法　犬:25 mg/只,p. o. ,q24 h

4. 奥美拉唑/沃必唑(Omeprazole)

规格　胶囊:20 mg

针剂:40 mg

作用　止吐

用法　犬:0.5～1.5 mg/kg,i. v. ,s. c. ,p. o. ,q24 h,最长持续 8 周

猫:0.75～1 mg/kg,p. o. ,q24 h,最长持续 8 周

5. 昂丹司琼(Ondansetron)

规格　针剂:4 mg、8 mg

片剂:4 mg、8 mg

作用　止吐

用法　犬:0.1～0.2 mg/kg,s. c. ,i. v. ,q8 h

6. 多拉司琼(Dolasetron)

规格　注射液:0.1 mg/mL、1 mg/mL

作用　止吐、化疗止吐

用法　犬:0.6 mg/kg,i.v.,q24 h;或 0.6～1 mg/kg,p.o.,q12 h

猫:0.6 mg/kg,i.v.,q12 h;或 0.6～1 mg/kg,p.o.,q12 h

7. 格拉司琼(Granisetron)

规格　注射液:0.1 mg/mL、1 mg/mL

片剂:1 mg

作用　止吐

用法　0.1～0.5 mg/kg,p.o.,i.v.,q12～24 h

8. 多潘立酮/吗丁啉(Domperidone)

规格　片剂:10 mg

口服液:1 mg/mL

①作用　促进胃肠排空

用法　0.05～1 mg/kg,p.o.,q12～24 h

②作用　止吐、胃炎

用法　2～5 mg/只，p. o. ，q8～12 h

9. 马罗吡坦/止吐宁(Maropitant)

规格　注射液：10 mg/mL

片剂：16 mg、24 mg、60 mg、160 mg

①作用　呕吐

用法　犬：1～2 mg/kg，s. c. ，q24 h

猫：0. 5～1 mg/kg，s. c. ，q24 h

②作用　预防运动性眩晕、晕车

用法　犬：8 mg/kg，p. o. ，q24 h，最多用 2 d

(五)泻药

1. 硫酸镁/泻盐(Magnesium Sulfate)

作用　便秘、排出肠道毒物

用法　犬：5～25 g/只，p. o. ，6%～8%溶液

猫：2～5 g/只，p. o. ，6%～8%溶液

2. 蓖麻油(Castor Oil)

作用　小肠便秘

用法　犬：10～30 mL/只，p. o.

猫:4～10 mL/只,p. o.

3. 液体石蜡/白油(Liquid Paraffin)

作用　小肠阻塞

用法　犬:10～30 mL/只,p. o.

猫:5～10 mL/只,p. o.

4. 比沙可啶/便塞停(Bisacodyl)

规格　片剂:5 mg

肠溶片:5 mg

作用　软化粪便

用法　犬:5～20 mg,p. o. ,q24 h,或遵照医嘱

猫:2～5 mg,p. o. ,q24 h,或遵照医嘱

5. 辛丁酯磺酸钙/多库酯钙(Docusate Calcium)

规格　胶囊:100 mg

口服液:2. 5 mg/mL、10 mg/mL

作用　缓泻

用法　犬:15～120 mg/只,p. o.

猫:50 mg/只,p. o.

(六)止泻药

1. 碱式水杨酸铋(Bismuth Subsalicylate)

作用　腹泻

用法　犬、猫:1 mL/kg,q4～6 h

2. 鞣酸/鞣酸蛋白(Tannic Acid/Tannalbin)

规格　片剂:250 mg、500 mg

作用　非细菌性肠炎腹泻

用法　犬:0. 2～2. 0 g/只,p. o. ,q8～12 h

3. 地芬诺酯/苯乙哌啶/止泻宁(Diphenoxylate)

规格　片剂:25 mg

①作用　急性结肠炎、过敏性大肠综合症

用法　犬:0. 05～0. 1 mg/kg,p. o. ,q8～12 h

猫:0. 08～0. 1 mg/kg,p. o. ,q8～12 h

②作用　止泻

用法　犬:0. 25～0. 5 mg/kg,p. o. ,q12～24 h

猫:0. 6～1. 2 mg/只,p. o. ,q12～24 h

4. 洛哌丁胺/腹泻啶(Loperamide)

规格　胶囊：1 mg、2 mg

①作用　止泻

用法　犬：0. 1～0. 2 mg/kg，p. o. ，q8～12 h

猫：0. 08～0. 16 mg/kg，p. o. ，q12 h

②作用　急性结肠炎

用法　犬：0. 08 mg/kg，p. o. ，q8 h

③作用　消化不良、吸收不良

用法　犬：0. 08 mg/kg，p. o. ，q24 h

5. 白陶土/胶质/高岭土(Kaolin/Pectin)

规格　粉剂：5 g

作用　保护胃黏膜

用法　1～2 g/kg，p. o. ，q6～12 h

6. 盐酸地芬诺酯(Diphenoxylate Hydrochloride)

规格　片剂：25 mg

作用　急、慢性功能性腹泻

用法　犬：0. 1～0. 2 mg/kg，p. o. ，q12 h

猫：0. 08～0. 1 mg/kg，p. o. ，q12 h

(七)肝胆辅助治疗与营养药

1. 蛋氨酸/甲硫氨酸(Methionine)

规格　片剂:250 mg

作用　急、慢性肝炎,脂肪肝,贫血

用法　犬:0.2～1.0 g/只,p.o.,q8 h

猫:200 mg/只,p.o.,q8 h

2. 促肝细胞生长素/肝复肽(Hepatocyte growth-promoting Factors)

规格　针(冻干粉)剂:每支含多肽 20 mg

作用　急、慢性肝炎

用法　犬:2 mg/kg,i.m.,q12 h,溶于 4 mL 生理盐水;或 10～20 mg/只,i.v.(缓慢),q24 h,溶于 5%葡萄糖溶液

3. 曲恩汀/三亚基四胺(Trientine)

规格　胶囊:300 mg

作用　铜肝病

用法　犬:15～30 mg/kg,p.o.,q12 h,饭前

4. 熊去氧胆酸(Ursodeoxycholate)

规格　片剂:150 mg、300 mg

胶囊:250 mg

混悬液:50 mg/mL

作用　慢性肝炎

用法　10～15 mg/kg,p. o. ,q24 h

5. 醋酸锌(Zinc Acetate)

作用　铜肝(细胞)毒素

用法　10～15 mg/kg,p. o. ,q24 h;或 100 mg/只,p. o. ,q12 h,连用 3 个月后 50 mg/只,p. o. ,q12 h

6. 必需脂肪酸(Essential Fatty Acids)

作用　特异性脂肪酸缺乏

用法　犬:1～5 mL/10 kg,p. o. ,q24 h

7. 牛磺酸(Taurine)

①作用　肥大性心肌病、脂肪肝辅助治疗

用法　犬:500 mg,p. o. ,q8～12 h

猫:250～500 mg,p. o. ,q12 h

②作用 中央视网膜变性

用法 猫:250～500 mg/只,p. o. ,q12～24 h

8. 卡尼汀/左旋肉碱/肉毒碱(*L*-carnitine)

规格 片剂:50 mg

作用 营养维持、心肌病、胃酸缺乏症、消化不良、食欲减退、慢性胃炎

用法 犬:50～100 mg/kg,p. o. ,q8 h;或2 g/只,p. o. ,q8～12 h(大型犬或巨型犬)

猫:50～100 mg/kg,p. o. ,q24 h

9. 赖氨酸(Lysine)

作用 眼疱疹病毒

用法 猫:250～500 mg/只,p. o. ,q12～24 h

10. 中链甘油三酯(Medium-chain Triglycerides)

①作用 乳糜胸

用法 1～2 mL/kg,p. o. ,q24 h

②作用 原发的淋巴管扩张、胰腺外分泌机能不全、脂肪消化吸收障碍

用法　1.5～3 g/kg，p.o.，q6～8 h，最大用量每次 1 汤匙；或 1～2.2 mL/kg，p.o.，混合食物，q24 h

11. 水飞蓟宾/水飞蓟素(Silybin)

规格　片剂：9 mg、20 mg、24 mg、25 mg、35 mg、40 mg、50 mg、70 mg、100 mg

粉剂：10 mg、40 mg、53 mg

①作用　保肝

用法　50～250 mg/只，p.o.，q24 h

②作用　肝炎、肝衰竭辅助治疗

用法　20～50 mg/kg，p.o.，q24 h

十一、呼吸系统用药

(一)镇咳药

1. 酒石酸布托啡诺/环丁羟吗喃(Butorphanol Tartrate)

规格　针剂:2 mg

作用　镇咳

用法　犬:0.5～1 mg/kg,p.o.,q6～12 h;或 0.05～0.1 mg/kg,i.m.,s.c.,q12 h

2. 重酒石酸二氢可待因酮(Hydrocodone Hitartrat)

规格　片剂:5 mg

针剂:15 mg

①作用　镇咳、舔舐性肉芽肿

用法　犬:0.22～0.25 mg/kg,p.o.,q8～12 h

猫:1.25～5 mg/只,p.o.,q12 h

②作用　气管塌陷

用法　犬:0.25 mg/kg,p.o.,q6～12 h

3. 可待因/甲基吗啡(Codeine)

规格　片剂:15 mg、30 mg

针剂:15 mg(1 mL);30 mg(1 mL)

①作用　强烈干咳、胸膜炎

用法　犬:1～2 mg/kg,s.c.,p.o.,q12 h

②作用　镇痛

用法　犬:0.5～2 mg/kg,p.o.,q6～12 h

③作用　止泻

用法　犬:0.25～0.5 mg/kg,p.o.,q6～8 h

(二)平喘药

1. 地塞米松/氟美松(Dexamethasone)

规格　注射液:2 mg/mL

片剂:0.5 mg

作用　猫过敏性支气管炎

用法　猫:0.2～2.2 mg/kg,i.v.,i.m.

2. 麻黄碱/麻黄素(Ephedrine)

规格　针剂:30 mg(1 mL)、150 mg(5 mL)

　　　片剂:15 mg、25 mg、30 mg

①作用　支气管扩张

　用法　犬:1～2 mg/kg,p. o. ,q8～12 h

　　　　猫:2～5 mg/只,p. o. ,q8～12 h

②作用　麻醉引起的低血压

　用法　犬:0. 1～0. 25 mg/kg,i. v.

③作用　尿失禁

　用法　犬:5～15 mg/只,p. o. ,q8 h;或

　　　　　1. 2 mg/kg,p. o. ,q8 h

　　　　猫:2～4 mg/只,p. o. ,q8 h

3. 特布他林/叔丁喘宁(Terbutaline)

规格　片剂:2. 5 mg、5 mg

　　　针剂:1 mg(1 mL)

作用　支气管扩张

用法　犬:1. 25～5 mg/只,p. o. ,q8～12 h;

　　　　或 0. 01 mg/kg,i. m. ,s. c. ,q4 h

猫：0.312～0.625 mg/只，p. o.，q8～12 h；或 0.015 mg/kg，i. m.，s. c.，q4 h

4. 多沙普仑/佳苏仑(Doxapram)

规格　针剂：20 mg(1 mL)

作用　呼吸兴奋

用法　5～10 mg/kg，i. v.

5. 沙丁胺醇/喘乐宁(Albuterol)

规格　片剂：2 mg、4 mg

长效片剂：4 mg、8 mg

作用　支气管扩张

用法　0.02～0.05 mg/kg，p. o.，q8～24 h

6. 氨茶碱/肺心康(Aminophylline)

规格　针剂：0.25 g(2 mL)、0.5 g(2 mL)、1.25 g(5 mL)

片剂：50 mg、100 mg、200 mg

作用　支气管扩张药

用法　犬：9～11 mg/kg，i. m.，p. o.，i. v.(缓慢)，q6～8 h

猫:6. 6 mg/kg, p. o. , q12 h; 或 2～5 mg/kg, i. v.

7. 肾上腺素/副肾素(Adrenaline)

(见拟肾上腺素药)

8. 泼尼松龙/氢化泼尼松(Prednisolone)

(见内分泌药、糖皮质激素药)

9. 氢氯噻嗪/双氢克尿塞(Hydrochlorothiazide)

(见利尿药)

10. 呋塞米/利尿灵/速尿(Furosemide)

(见利尿药)

(三)祛痰药

1. 氯化铵/硇砂(Ammonium Chloride)

规格　片剂:0. 3 g

①作用　支气管炎、祛痰

用法　0. 2～1. 0g/只, p. o. , q8～12 h

②作用　酸化尿液

用法　犬:70 mg/kg,p. o. ,q8 h

猫:20 mg/kg,p. o. ,q12 h

2. 盐酸溴己新/必消痰/溴苄环己铵(Bromhexine Hydrochloride)

规格　片剂:4 mg、8 mg

作用　祛痰

用法　犬:2～2.5 mg/kg,p. o. ,q12 h;或 3～15 mg/只,i. m. ,q12 h

猫:1 mg/kg,p. o. ,q24 h;或 3 mg/只,i. m. ,q24 h

3. 沐舒坦/氨溴索(Ambroxol)

规格　片剂:30 mg

针剂:15 mg(2 mL)、50 mg(30 mL)

作用　用于黏痰不易咳出的急、慢性呼吸道疾病

用法　2～5 mg/kg,p. o. ,q8～12 h;或 1～2 mg/kg,s. c. ,i. v. ,q24 h

十二、生殖系统用药

(一)子宫收缩药

1. 缩宫素/催产素(Oxytocin)

规格　针剂:10 U(1 mL)、50 U(5 mL)

①作用　子宫脱垂

用法　犬:5～10 U,i. m. ,s. c. ,1 次

②作用　刺激泌乳

用法　犬:2～20 U/只,s. c. ,i. m.

猫:1～10 U/只,s. c. ,i. m.

③作用　宫缩乏力

用法　0. 1 ～ 0. 5 IU/kg, i. m. , s. c. , q30 min,可使用 3 次

2. 马来酸麦角新碱/苹果酸麦角新碱(Ergonovine Maleate)

规格　针剂:0.5 mg(1 mL)、2 mg(1 mL)

作用　产后出血、子宫复位、胎衣不下、子宫炎症

用法　犬:0.1～0.5 mg/只,i.m.,i.v.

猫:0.07～0.2 mg/只,i.m.,i.v.

(二)雌激素

1. 己烯雌酚(Diethylstilbestrol)

规格　片剂:0.1 mg、0.25 mg、0.5 mg、1 mg

针剂:1 mg(1 mL)、2 mg(1 mL)

①作用　激素分泌紊乱引起的尿失禁

用法　0.1～1 mg,p.o.,i.m.,q24 h,连用 5 d,之后 q5～14 d 重复

②作用　诱导发情

用法　犬:5 mg/只,p.o.,i.m.,q24 h,连用 6～9 d

③作用　良性前列腺增生

用法　犬：0.2～1 mg/只，p.o.，q24 h，连用5 d，之后逐减到1 mg/只，每周1次

2. 四烯雌酮/烯丙孕素(Altrenogest)

规格　口服剂：2.2 mg/mL

作用　黄体功能不足或预防早产

用法　犬：每4.54 kg体重0.1 mL，p.o.，q24 h

3. 氯前列烯醇(Cloprostenol)

规格　注射剂：250 μg/mL

①作用　堕胎

用法　犬：1～2.5 μg/kg，q24 h，连用4～7 d

②作用　开放性子宫蓄脓

用法　犬：1～5 μg/kg，q24 h，连用2～3周

4. 地诺前列素氨丁三醇(Dinoprost Thomethamine)

规格　注射液：5 mg/mL

①作用　开放性子宫蓄脓

用法　犬：0.1～0.25 mg/kg，s.c.，q12 h，连用3～5 d

②作用　堕胎

用法　犬：妊娠前期 0.05～0.25 mg/kg，s.c.，q12 h，连用 4 d；妊娠后期 0.05～0.25 mg/kg，s.c.，q12 h，直至完全流产。初次使用时观察副作用

猫：妊娠 40 d 后 0.025 mg/kg，s.c.，q24 h，连用 5 d。初次使用时观察副作用

5. 雌二醇/求偶二醇(Estradiol)

规格　针剂：1 mg(1 mL)、2 mg(1 mL)

作用　催情、促进脓肿、死胎排出、终止妊娠

用法　犬：0.2～1 mg/只，i.m.

猫：0.2～0.5 mg/只，i.m.

(三)孕激素

1. 醋酸甲羟孕酮/甲孕酮/安宫黄体酮(Medroxyprogesterone Acetate)

规格　片剂：2 mg、4 mg、10 mg

针剂:150 mg(1 mL)

①作用　增加性行为

用法　犬:10 mg/kg,i. m. ,s. c. ,遵照医嘱

②作用　尿斑、焦虑、种内攻击

用法　猫:10～20 mg/kg,s. c. ,i. m.

③作用　习惯性流产

用法　猫:1～2 mg/kg,i. m. ,每周 1 次,分娩前 7～10 d 停药

④作用　预防发情、假孕

用法　犬:2～3 mg/kg,s. c. ,体重需大于 12 kg,于发情期前 6～8 周使用,每 5～6 个月 1 次

猫:2. 5～5 mg/只,p. o. ,每周 1 次;或 25 mg/只,s. c. ,于发情后每 6 个月注射 1 次

⑤作用　良性前列腺肥大

用法　犬:0. 3 mg/kg,s. c. ,每 3～6 个月 1 次

2. 醋酸甲地孕酮/乙酸甲地孕酮(Megestrol Acetate)

规格　片剂:5 mg、20 mg

①作用　浆细胞性口炎

用法　猫:2.5 mg,p.o.,q24 h,连用10 d,之后q48 h,5次后视情况调整

②作用　嗜酸细胞性肉芽肿

用法　猫:5～10 mg,p.o.,隔日1次,连用10～14次,之后每周1～2次

③作用　良性前列腺肥大

用法　犬:0.1～0.5 mg/kg,p.o.,q24 h,连用3～8周

④作用　乳溢

用法　犬:2 mg/kg,p.o.,q24 h,连用5 d

⑤作用　顽固性的嗜酸性角膜炎和结膜炎

用法　猫:0.5 mg/(kg·d),p.o.,连用7～14 d,慎用

⑥作用　刺激食欲

用法　猫:0.25～0.5 mg/kg,p.o.,q24 h,连用3～5 d,之后q2～3 d

⑦作用　假孕

用法　犬:0.5 mg/kg,p.o.,q24 h,连用 8 d

⑧作用　预防发情

用法　犬:从发情前期 3 d 开始,2 mg/kg,p.o.,q24 h,连用 8 d

猫:2.5 mg/只,p.o.,每周 1 次,最多使用 30 周;或在猫出现发情迹象时 5 mg/只,p.o.,连用 3 d

⑨作用　延缓发情

用法　犬:0.5 mg/kg,p.o.,q24 h,最多连用 40 d,最好在需要的发情时间点前 14 d(最少 7 d)使用

3. 黄体酮/孕酮(Progesterone)

规格　针剂:10 mg(1 mL)、50 mg(1 mL)

作用　先兆性流产或习惯性流产、分娩诱导及延迟发情

用法　犬:1～3 mg/kg,i.m.,s.c.

猫:0.2～2 mg/kg,i.m.,s.c.

(四)雄激素

1. 氟甲睾酮(Fluoxymesterone)

规格　片剂:5 mg、10 mg、20 mg、50 mg

作用　睾酮应答皮肤病

用法　犬:0. 5 mg/kg, p. o. , q48 h, 连用12 周,最大剂量 30 mg/d

2. 枸橼酸氯米芬/舒经芬/氯米芬(Clomiphene Citrate)

规格　片剂:50 mg

胶囊:50 mg

作用　抗雌激素、公犬不育

用法　犬:25 mg/kg,p. o. ,q24 h

3. 达那唑/炔睾醇(Danazol)

规格　胶囊:100 mg、200 mg

作用　免疫性溶血性贫血、血小板减少症

用法　犬:4～10 mg/kg,p. o. ,q12 h

猫:5 mg/kg,p. o. ,q12 h

4. 甲睾酮/甲基睾丸酮(Methyltestosterone)

规格　片剂:5 mg、10 mg

①作用　乳溢

用法　犬:1～2 mg/kg, p. o. , q24 h,连用 5～7 d,最大剂量 25 mg/d

②作用　睾酮应答性皮肤病、脱毛

用法　犬:0. 5～1 mg/kg, p. o. , q48 h,最大剂量 30 mg/d

③作用　抑制母犬发情

用法　25～50 mg/只, p. o. ,每周 2 次

5. 米勃酮(Mibolerone)

①作用　乳溢

用法　犬:16 μg/kg, p. o. , q24 h,连用 5 d

②作用　阻止发情(只用于犬)

用法　1～11 kg:30 μg/d, p. o. ;

12～22 kg:60 μg/d, p. o. ;

23～45 kg:120 μg/d, p. o. ;

>45 kg:180 μg/d, p. o.

德国牧羊犬、德国牧羊杂交犬，180 μg/d，p. o.

③作用　假孕

用法　犬：口服上述剂量 10 倍，连用 5 d

6. 环戊丙酸睾酮(Testosterone Cypionate)

规格　针剂：10 mg(1 mL)、25 mg(1 mL)、50 mg(1 mL)

作用　荷尔蒙分泌失调、去势公犬睾酮应答性尿失禁

用法　犬：200 mg，i. m.，每个月 1 次

7. 苯丙酸诺龙/苯丙酸去甲睾酮(Nandrolone Phenylpropionate)

规格　针剂：10 mg(1 mL)、25 mg(1 mL)

作用　营养不良、促进食欲、刺激生长

用法　犬：25～50 mg/只，s. c.，i. m.，2 周 1 次

猫：10～20 mg/只，s. c.，i. m.，2 周 1 次

8. 司坦唑醇/康力龙(Stanozolol)

规格　片剂：2 mg

作用　同化激素类药

用法　犬：1～4 mg/只，p. o.，q12 h；或 0.15 mg/kg，p. o.，q8 h

猫：1～2 mg/只，p. o.，q12 h

(五)促性腺激素

1. 绒毛膜促性腺激素(Chorionic Gonadotropin)

规格　针剂：500 U、1 000 U、2 000 U、5 000 U

①作用　卵泡黄体化

用法　犬：500～1 000 U/只，i. m.，48 h 后重复

猫：250～500 IU/只，i. m.

②作用　诱导排卵

用法　犬：500～1 000 U，s. c.，q24 h，用促卵泡激素后连用 2 d

猫：100～500 U，i. m.，在动情期 1～2 d

③作用　卵巢囊肿

用法　500 U,i. m. ,q48 h

④作用　隐睾

用法　500 U,i. m. ,每周 2 次,连用 4～6 周

2. 促卵泡激素/促卵泡生成激素(Follicle-stimulating Hormone)

规格　针剂:50 mg

①作用　雄性性腺功能减退

用法　犬:25 mg,s. c. ,每周 1 次;或 100 mg/kg,i. m. ,q48 h

②作用　诱导发情

用法　犬:20 U/kg,s. c. ,q24 h,连用 10 d,之后 500 U,人绒毛膜促性腺激素,q24 h,连用 2 d

猫:2 mg,i. m. ,q24 h,连用 5 d

3. 促性腺激素释放激素/戈那瑞林(Gonadotropin-releasing Hormone)

规格　针剂:100 μg(2 mL)

①作用　促进卵泡黄体化

用法　犬:50～100 μg,i. m. ,q24 h

猫:25 μg,i. m.

②作用　刺激腹股沟隐睾

用法　犬:50～100 μg/只,i. v. ,s. c. ,每周2次

③作用　雄犬性欲不强

用法　犬:1～2 μg/kg,繁育前 1 h,i. m.

④作用　诱导排卵

用法　犬:50 μg/只,i. v. ;或 2. 2 μg/kg,i. m.

猫:25 μg/只,i. m. ,交配之后或人工受精之前

4. 促黄体素/黄体生成素(Luteinizing Hormone)

规格　针剂:25 mg

作用　促进排卵、卵巢囊肿、增加排乳

用法　犬:100 mg/只,s. c. ,i. v. ,q24 h,连用7 d

猫:50 mg/只,i. m. ,配种之后

(六)前列腺素类药

非那雄胺/非那司提/保列治(Finasteride)

规格　片剂:5 mg

作用　良性前列腺增生症

用法　犬:2.5～5 mg/只,p.o.,q24 h

十三、泌尿系统用药

(一)利尿药

1. 氢氯噻嗪/双氢克尿噻(Hydrochlorothiazide)

规格　片剂:25 mg、250 mg

①作用　肺水肿、利尿

用法　犬:2～4 mg/kg,p. o. ,q12～24 h

猫:1～2 mg/kg,p. o. ,q12 h

②作用　肾性尿崩症

用法　0.5～1.0 mg/kg,p. o. ,q12 h

③作用　低血糖症

用法　犬:2～4 mg/kg,p. o. ,q12 h,和二氮嗪合用

④作用　高血压

用法　犬:2～5 mg/kg,p. o. ,q12 h

猫:1～2 mg/kg,p. o. ,q12 h

⑤作用　草酸钙结石

用法　犬:2～4 mg/kg,p. o. ,q12 h

2. 乙酰唑胺/甲唑酰胺/醋唑磺胺(Acetazolamide)

规格　片剂:250 mg

作用　脑积水、神经性瘙痒症、急性青光眼

用法　犬:5～10 mg/kg,i. v. ,连用 1～2 次;或 4～8 mg/kg,p. o. ,q8～12 h

3. 氯磺丙脲/对氯苯磺酰丙脲(Chlorpropamide)

规格　片剂:100 mg、250 mg

作用　抗利尿激素缺乏引起的尿崩症

用法　犬:10～40 mg/kg,p. o. ,q24 h

4. 螺内酯/安体舒通/螺旋内酯固醇(Spironolactone)

规格　片剂:20 mg

胶囊:20 mg

作用　利尿、心力衰竭、高血压、原发性醛固酮过多症、非肝硬化的门静脉高压

用法　1～2 mg/kg,p. o. ,q12 h

5. 利尿酸钠/依他尼酸钠(Ethacrynate Sodium)

规格　针剂:25 mg

作用　利尿剂、肺水肿

用法　0.2～0.4 mg/kg,i. v. ,i. m. ,q4～12 h;或 5 mg/kg,p. o. ,q12～24 h

6. 氯噻嗪(Chlorothiazide)

规格　片剂:25 mg

作用　利尿、局部抗利尿激素影响

用法　20～40 mg/kg,p. o. ,q12 h

7. 呋塞米/速尿/呋喃苯胺酸/利尿灵(Furosemide)

规格　片剂:20 mg、50 mg

针剂:20 mg(2 mL)、100 mg(10 mL)

①作用　利尿

用法　犬:2.5～5 mg/kg,i. v. ,i. m. ,s. c. ,q6～12 h,然后减量到 1～2 mg/kg,p. o. ,q12～24 h

猫:1～3 mg/kg,i. v. ,i. m. ,s. c. ,q8～12 h,然后减量

②作用　严重肺水肿

用法　犬：最高 7 mg/kg，i. v.，i. m.，根据呼吸情况调整

猫：最高 4 mg/kg，i. v.，i. m.，根据呼吸情况调整

③作用　脑积水、脑水肿

用法　犬：1～2 mg/kg，p. o.，q12 h

④作用　肾衰竭引起的腹水

用法　1～2 mg/kg，p. o.，s. c.，q12～24 h

⑤作用　高钙血症

用法　2～4 mg/kg，i. v.，i. m.，s. c.，p. o.，q8～12 h

⑥作用　高血压

用法　100 mg/kg，p. o.，q12～24 h

⑦作用　急性肾衰、中毒

用法　2～6 mg/kg，i. v.，q8 h，遵照医嘱；或 0.1～1.0 mg/(kg・h)，i. v.，可合并使用甘露醇或多巴胺

⑧作用　高血钾

用法　2 mg/kg，i. v.

(二)脱水药

1. 甘露醇/己六醇/木密醇(Mannitol)

规格　针剂:20 g(100 mL)、50 g(250 mL)、100 g(500 mL)

①作用　脑水肿、颅内压增高

用法　0.25 g/kg,i.v.(缓慢),q6～8 h

②作用　急性青光眼

用法　1～2 g/kg,i.v.(缓慢),用药前、后几小时禁水,用药后监测脱水情况

③作用　急性肾功能衰竭、利尿

用法　0.25～0.5 g/kg,i.v.,脱水或无尿时禁用

2. 50%葡萄糖(Glucose 50%)

规格　注射剂:10 mL

①作用　脑水肿、肺水肿

用法　犬:1～4 mL/kg,i.v.

②作用　低血糖、胰岛素过量用药

用法　1～2 mL/kg，p. o.；或 0.25～1.0 mL/kg，i. v.

(三)尿路酸化药

1. 氯化铵/硇砂(Ammonium Chloride)

(见祛痰药)

2. 蛋氨酸/甲硫氨酸(Methionine)

规格　片剂：250 mg

作用　酸化尿液

用法　犬：0.2～1.0 g/只，p. o.，q8 h

猫：0.2 g/只，p. o.，q8 h

(四)尿酸过多用药

1. 碳酸氢钠/小苏打(Sodium Bicarbonate)

(见水、电解质调节药)

2. 别嘌呤醇/痛风宁(Allopurinol)

规格　片剂：100 mg、300 mg

①作用　尿酸盐尿结石

用法　犬:10 mg/kg,p. o. ,q8 h,连用 30 d,之后 10 mg/kg,p. o. ,q24 h

②作用　利什曼病

用法　犬:10 mg/kg,p. o. ,q8 h,和葡甲胺锑合用 3 个月,之后 10 mg/kg,p. o. ,q12 h,连用数月

(五)其他泌尿道用药

1. 醋羟胺酸/乙酰氧肟酸(Acetohydroxamic Acid)

规格　胶囊:250 mg

作用　鸟粪石尿结石

用法　犬:12.5 mg/kg,p. o. ,q12 h

2. 巴氯芬/力奥来素(Baclofen)

规格　片剂:10 mg

作用　机能性尿道阻塞

用法　犬:1～2 mg/kg,p. o. ,q8 h

3. 骨化三醇/钙三醇(Calcitriol)

（见其他激素药）

4. 枸橼酸钾/柠檬酸钾(potassium Citrate)

规格　2.0 g/袋

①作用　慢性肾功能衰竭

　用法　30 mg/kg，p. o.，q12 h

②作用　草酸钙结石、碱性尿

　用法　75 mg/kg，p. o.，q12 h

5. 西沙必利/优尼必利(Cisapride)

规格　片剂：5 mg、10 mg

作用　膀胱弛缓、猫特发性巨结肠症

用法　犬：0.5 mg/kg，p. o.，q8 h

　　　猫：1.25～5.0 mg/只，p. o.，q8～12 h

6. 丹曲林/硝苯呋海因(Dantrolene)

规格　胶囊：25 mg

①作用　机能性尿道阻塞

　用法　犬：1～2 mg/kg，p. o.，q8～12 h

猫:0.5～2 mg/kg,p.o.,q8～12 h

②作用　黑寡妇蜘蛛中毒

用法　1 mg/kg,p.o.,q4 h

7. 地西泮/安定(Diazepam)

(见镇静药)

8. 巯丙酰甘氨酸(2-Mercaptopropionyl Glycine)

作用　胱氨酸尿石症

用法　犬:15～30 mg/kg,p.o.,q12 h

9. 苯丙醇胺(Phenylpropanolamine)

规格　每粒含盐酸苯丙醇胺 50 mg,扑尔敏 4 mg

作用　尿道括约肌机能不全

用法　1.2 mg/kg,p.o.,q12 h;或 0.8 mg/kg,p.o.,q8 h

10. 丙胺太林/普鲁本辛(Propantheline)

规格　片剂:15 mg

①作用　尿失禁

用法　犬:0.4 mg/kg,p.o.,q6～8 h

猫:7.5 mg/只,p.o.,q72 h

②作用　胃肠道疾病

用法　0.25 mg/kg,p.o.,q8～12 h

11. 氯贝胆碱/氯化氨甲酰甲胆碱(Bethanchol Chloride)

规格　片剂:5 mg、10 mg、25 mg、50 mg

①作用　膀胱无力

用法　犬:5～25 mg/只,p.o.,q8～12 h;
或 2.5～25 mg/只,s.c.,q8 h

猫:1.25～7.5 mg/只,p.o.,q8 h

②作用　巨食道症

用法　犬:0.5～1 mg/kg,p.o.,q8 h

十四、抗过敏、抗休克药

(一)抗过敏药

1. 苯海拉明/可他敏/苯那君(Diphenhydramine)

规格　片剂:25 mg

针剂:20 mg(1 mL)、100 mg(5 mL)

①作用　鼻炎、镇吐

用法　犬:2～4 mg/kg,p. o. ,q8 h

②作用　肥大细胞瘤

用法　1 mg/kg,i. m. ,q8～12 h;或 2～4 mg/kg,p. o. ,q8 h

③作用　过敏症、荨麻疹、血管神经性水肿

用法　1～2 mg/kg,i. m. ,i. v. (缓慢),q8 h

④作用　止痒、过敏性皮肤病

用法　犬:2 mg/kg,p. o. ,i. m. ,q8 h

2. 氯苯那敏/扑尔敏/氯苯吡胺/皮敏灭(Chlorpheniramine)

规格　片剂:4 mg

　　　针剂:10 mg(1 mL)、20 mg(2 mL)

①作用　荨麻疹、抗组胺、过敏性皮肤病

　用法　犬:0.2～0.8 mg/kg,p.o.,q8～12 h

　　　　猫:0.5～2 mg/只,p.o.,q8～12 h

②作用　过度理毛、自咬症、嗜酸性肉芽肿

　用法　犬:2～8 mg/只,p.o.,q12 h,最大剂量 0.5 mg/kg,q12 h

　　　　猫:2～4 mg/只,p.o.,q12～24 h

3. 氯马斯汀/吡咯醇胺/克立马丁(Clemastine)

规格　片剂:2 mg

　　　针剂:2 mg

作用　抗组胺、过敏性皮肤病

用法　犬:0.5～1.5 mg/只,p.o.,q12 h

　　　猫:0.34～0.68 mg/只,p.o.,q12 h

4. 羟嗪/安他乐(Hydroxyzine)

规格　片剂:25 mg

针剂:200 mg(2 mL)

①作用　抗焦虑、抗组胺、荨麻疹、过敏性皮肤病

用法　2.0～2.2 mg/kg,p.o.,q8～12 h

②作用　自发性下泌尿道疾病

用法　猫:5～10 mg/只,p.o.,q12 h

5. 异丙嗪/抗胺荨(Promethazine)

规格　片剂:12.5 mg、25 mg

针剂:50 mg(2 mL)、250 mg(10 mL)

作用　抗组胺、荨麻疹

用法　0.2～0.4 mg/kg,i.v.,i.m.,q6～8 h;或 12.5～25 mg/只,p.o.,q24 h

6. 特酚伪麻片/特非那定(Terfenadine)

规格　片剂:60 mg

混悬剂:30 mg(5 mL)

作用　抗组胺、过敏性皮肤病

用法　犬:5～10 mg/kg,p. o. ,q12 h

7. 阿利马嗪/异丁嗪(Trimeprazine)

规格　片剂:1. 25 mg、2. 5 mg

针剂:50 mg(2 mL)

作用　抗组胺、荨麻疹、过敏性皮肤病

用法　犬:0. 5～2 mg/kg,p. o. ,q12 h

8. 西替利嗪(Cetirizine)

规格　片剂:5 mg、10 mg

①作用　过敏性皮炎

用法　1 mg/kg,p. o. ,q12 h

②作用　异位性皮炎

用法　1 mg/kg,p. o. ,q24 h

③作用　瘙痒

用法　0. 5～1 mg/kg,p. o. ,q12 h

9. 赛庚啶(Cyproheptadine)

规格　片剂:4 mg

①作用　抗组胺

用法　犬:0. 3～2 mg/kg,p. o. ,q12 h

猫:2 mg/只,p. o. ,q12 h;或 1.1 mg/kg,
p. o. ,q12 h

②作用　刺激食欲

用法　犬:0.2 mg/kg,p. o. ,q12 h

猫:2～4 mg/只,p. o. ,q12～24 h

③作用　血清素综合征

用法　犬:1.1 mg/kg,p. o. ,q4～6 h

猫:2～4 mg/只,p. o. ,q24 h

(二)抗休克药

1. 氟尼辛葡甲胺(Flunixin Meglumine)

规格　注射剂:50 mg/mL

①作用　舔食性肉芽肿

用法　犬:混合 3 mL,外用,q8～12 h

②作用　眼病、前列腺炎

用法　犬:0.5 mg/kg,i. v. ,q12～24 h,连用 1～2 个疗程

③作用　休克

用法　犬：1 mg/kg，i. v.，1 次

猫：0.5 mg/kg，i. v.，1 次

④作用　急性胃鼓气

用法　犬：1 mg/kg，i. v.，1 次

⑤作用　止泻、退烧

用法　犬：1 mg/kg，i. v.，q24 h

2. 氢化可的松琥珀酸钠（Hydrocortisone Sodium Succinate）

规格　针剂：50 mg、100 mg

①作用　休克

用法　10～50 mg/kg，i. v.，i. m.

②作用　猫哮喘

用法　1～4 mg/kg，i. v.，i. m.，q24 h

③作用　抗炎

用法　5 mg/kg，p. o.，i. v.，i. m.，q12 h

3. 盐酸多巴胺（Dopamine Hydrochloride）

（见拟肾上腺素药）

4. 多巴酚丁胺/杜丁胺(Dobutamine)

（见拟肾上腺素药）

5. 去氧肾上腺素(Phenylephrine)

（见拟肾上腺素药）

十五、机体免疫功能调节及抗肿瘤药

(一)免疫功能增强剂

1. 免疫球蛋白(Immunoglobulin)

规格　针剂(静脉注射用):5 g/瓶

①作用　严重感染、免疫缺乏症

用法　5 kg 以下犬:5 mL/只;

5～10 kg 犬:10 mL/只;

10 kg 以上犬:10～20 mL/只。

q24 h,连用 3 d,i. v.

②作用　免疫性溶血

用法　犬:0.5～1.5 g/kg,i. v. ,超过 12 h

③作用　免疫性血小板减少症

用法　0.5 g/kg,i. v.

2. 碳酸锂(Lithium Carbonate)

规格　片剂:125 mg、250 mg、500 mg

作用　周期性中性粒细胞减少症、各类血细胞减少症、药物诱发血小板减少症

用法　犬:10 mg/kg,p. o. ,q12 h

3. 非格司亭(Filgrastim)

规格　注射剂:3×10^{7} IU(300 μg/mL)溶液

作用　中性粒细胞减少症

用法　1～5 μg/kg,s. c. ,q24 h

(二)免疫抑制剂

1. 硫唑嘌呤/义美仁/依木兰(Azathioprine)

规格　片剂:100 mg

①作用　肺嗜酸性疾病

　用法　犬:2 mg/kg,p. o. ,q24 h,连用 7～10 d,之后 q48 h

②作用　顽固性重症肌无力

　用法　犬:2 mg/kg,p. o. ,q24～48 h

③作用　淋巴细胞/浆细胞瘤、嗜酸性口炎、胃炎或肠炎

用法　犬:1～2.5 mg/kg,p.o.,q24～48 h

猫:0.2～0.3 mg/kg,p.o.,q24～48 h

④作用　慢性活化肝炎、肾小球肾炎

用法　犬:2～2.5 mg/kg,p.o.,q24 h

⑤作用　肛瘘

用法　犬:50 mg/只,p.o.,q24 h

⑥作用　免疫溶血性贫血、骨髓纤维化

用法　犬:2 mg/kg,p.o.,q24～48 h

猫:1.1 mg/kg,p.o.,q48 h

⑦作用　免疫性血小板减少症

用法　犬:2 mg/kg,p.o.,q24 h,逐渐减到0.5～1 mg/kg,p.o.,q48 h

猫:1.1 mg/kg,p.o.,q48 h

⑧作用　免疫性皮肤病、无菌绿脓杆菌肉芽肿、表皮组织细胞增多症

用法　犬:2.2 mg/kg,p.o.,q24～48 h

⑨作用　风湿症、免疫介导性关节炎

用法　犬:2 mg/kg,p. o. ,q24 h,连用14～21 d,之后q48 h

猫:1.1 mg/kg,p. o. ,q48 h

⑩作用　眼睑炎、巩膜外层炎、前色素层炎、结膜炎

用法　犬:2 mg/kg,p. o. ,q24 h,之后逐减

作用　免疫性多发性肌炎、咬肌炎、脉络膜视网膜炎

用法　犬:2 mg/kg,p. o. ,q24 h,之后逐减

猫:1.1 mg/kg,p. o. ,q48 h

作用　慢性萎缩性胃炎

用法　犬:0.5 mg/kg,p. o. ,q24～48 h

2. 环孢霉素A(Cyclosporine A)

规格　口服液:100 mg(1 mL)

丸剂:25 mg、100 mg

静滴剂:50 mg(1 mL)

①作用　猫过敏性支气管炎

用法　猫:10 mg/kg,p. o. ,q12 h

②作用　肛门周围瘘

　用法　犬:5 mg/kg,p. o. ,q12 h

③作用　肾小球肾炎

　用法　犬:15 mg/kg,p. o. ,q24 h

④作用　免疫性、溶血性贫血

　用法　犬:10 mg/kg,p. o. ,q12～24 h

⑤作用　皮脂腺炎、遗传性过敏症

　用法　犬:5～10 mg/kg,p. o. ,q24 h,连用 5 d,停 2 d,之后 2. 5～5 mg/kg,p. o. ,q24 h,连用 5 d,之后逐减

3. 氢化可的松/皮质醇(Hydrocortisone)

(见糖皮质激素)

4. 曲安奈德/氟羟泼尼松龙/去炎松(Triamcinolone)

(见糖皮质激素)

5. 地塞米松/氟美松(Dexamethasone)

(见糖皮质激素)

(三)抗肿瘤药

1. 放线菌素 D/更生霉素(Actinomycin D)

规格　针剂:0.2 mg/瓶

作用　化疗

用法　犬:0.5～1 mg/m^2,i.v.(缓慢),根据化疗方案,每 1～3 周 1 次

2. 门冬酰胺酶(Asparaginase)

规格　针剂:10 000 IU(10 mL)

①作用　淋巴肉瘤、淋巴白血病、肿瘤

用法　犬:10 000～30 000 U/m^2,i.m.,每周 1 次

猫:10 000 U/kg,i.m.,s.c.,每 1～3 周 1 次

②作用　自发性血小板减少症

用法　犬:400 U/kg,i.m.,1 次

3. 博来霉素/争光霉素(Bleomycin)

规格　针剂:15 mg/支(效价)

作用　化疗

用法　犬：10 mg/m²，i. v.，s. c.，q24 h，连用 4 d，每周最大剂量 200 mg/m²

4. 卡铂/碳铂(Carboplatin)

规格　针剂：150 mg

作用　化疗

用法　大犬：250～300 mg/m²，i. v.，每 3 周 1 次

小犬：10 mg/kg，i. v.，每 3 周 1 次

猫：150 mg/m²，i. v.，每 3 周 1 次

5. 苯丁酸氮芥/瘤可宁(Chlorambucil)

规格　片剂：2 mg、2.5 mg

①作用　淋巴浆细胞口炎

用法　犬：1～2 mg/m²，p. o.，q48 h

猫：0.25～0.33 mg/kg，p. o.，q72 h

②作用　肠炎

用法　猫：1.5 mg/m²，p. o.，q24～48 h

③作用　慢性淋巴白血病

用法　犬：a)0.2 mg/kg，p. o.，q24 h，连用

5 d,之后每 3 周 1 次

b)15 mg/m^2, p. o. , q24 h, 连用 5 d, 每 3 周 1 次

猫:2 mg/只, p. o. , q48 h

④作用　巨球蛋白血症、肥大细胞瘤

用法　犬:0. 2 mg/kg, p. o. , q24 h, 连用 10 d, 之后 0. 1 mg/kg, p. o. , q24 h

⑤作用　免疫性皮肤病

用法　0. 1～0. 2 mg/kg, p. o. , q24～48 h, 和泼尼松合用

⑥作用　猫传染性腹膜炎

用法　猫:20 mg/m^2, p. o. , 每 2～3 周 1 次

6. 氮芥/恩比兴(Chlormethine)

规格　针剂:5 mg、10 mg

作用　骨髓增生、淋巴瘤及肠腺癌

用法　犬:5 mg/m^2, i. v. , 腔内给药, q24 h

7. 塞替派/息安的宾(Thiotepa)

规格　针剂:10 mg(1 mL)

作用　卵巢癌、乳腺癌、膀胱癌、消化道肿瘤、肺癌

用法　犬：0.2～0.5 mg/m^2，i.v.，腔内注射，每周1～2次

8. 顺铂(Cisplatin)

规格　针剂：10 mg(20 mL)、25 mg(50 mL)、50 mg(100 mL)

动脉灌注剂：20 mg(20 mL)、100 mg(100 mL)

作用　化疗

用法　犬：30～70 mg/m^2，i.v.(缓慢)，加入生理盐水，每3～5周1次

9. 环磷酰胺(Cyclophosphamide)

规格　针剂：200 mg/瓶

①作用　肺嗜酸细胞病

用法　犬：50 mg/m^2，p.o.，q48 h

②作用　肾小球肾炎、肉芽肿尿道炎

用法　犬：2.2 mg/kg 或 50 mg/m^2，p.o.，

q24 h，连用 4 d/周

③作用　猫乳腺癌

用法　猫：50～100 mg/m²，p. o.，和多柔比星合用

④作用　免疫性血小板减少症

用法　犬：50 mg/m²，p. o.，q24 h，连用 4 d/周，连用 3～4 周

⑤作用　免疫溶血性贫血

用法　50 mg/m²，p. o.，i. v.，q24 h，连用 4 d/周

⑥作用　淋巴肉瘤、骨髓组织增生紊乱、多发性骨髓瘤

用法　a)50 mg/m²，p. o.，q24～48 h

b)250～300 mg/m²，p. o.，i. v.，每 3 周 1 次

⑦作用　自身免疫皮肤病、全身性红斑狼疮

用法　犬：50 mg/m²，p. o.，q24 h，连用 4 d/周，或 q48 h

⑧作用　风湿、免疫介导性关节炎

用法　犬：1.5～2.5 mg/kg，p.o.，q24 h，连用 4 d/周

⑨作用　多发性肌炎

用法　1～2 mg/kg，p.o.，q24 h，连用 4 d/周

⑩作用　猫传染性腹膜炎

用法　猫：2～4 mg/kg，p.o.，q24 h，连用 4 d/周，和泼尼松合用

10. 阿糖胞苷(Cytosine Arabinoside)

规格　针剂：50 mg、100 mg

作用　淋巴肉瘤、骨髓增生紊乱

用法　100 mg/(m^2·d)，i.v.，连用 4 d；或 300 mg/m^2，s.c.，q12 h，连用 2 d

11. 达卡巴嗪/抗黑瘤素(Dacarbazine)

规格　针剂：100 mg

作用　化疗

用法　犬：300 mg/m^2，i.v.，q24 h，连用 5 d，每 3 周重复 1 次

12. 多柔比星/阿霉素(Doxorubicin)

规格　针剂：10 mg

作用　化疗

用法　犬：a) 25～30 mg/m^2, i. v., 加入 150 mL 5% 葡萄糖溶液，每 2～9 周 1 次，犬最大累积剂量 240 mg/m^2

b) 小犬：100 mg/kg, i. v.（缓慢）

猫：100 mg/kg 或 20～30 mg/m^2, i. v.（缓慢），每 3 周 1 次，最大累积剂量 90 mg/m^2

13. 5-氟尿嘧啶(5-Fluorouacil)

规格　针剂：50 mg

作用　结肠腺癌、犬乳腺癌、皮肤鳞状上皮癌

用法　犬：150 mg/m^2, i. v., 每周 1 次；或 5～10 mg/kg, i. v., 每周 1 次

14. 羟基脲(Hydroxyurea)

规格　片剂：500 mg

①作用　骨髓病性红细胞增多症、血小板增多症

用法　犬：a）5 mg/kg，p. o.，q24 h，直到血细胞压积正常

b）80 mg/kg，p. o.，q72 h

猫：25 mg/kg，p. o.，每周 3 次

②作用　嗜酸细胞性白血病

用法　猫：40 mg/（kg · d），p. o.，连用 7 d，之后 q48 h，之后 q72 h

③作用　慢性粒细胞性白血病、嗜碱性细胞性白血病

用法　犬：a）20～25 mg/kg 或 500 mg/m^2，p. o.，q12 h，连用 4～6 周，之后 50 mg/kg，p. o.，每周 2 次

b）50 mg/kg，p. o.，q24 h，连用 14 d，之后 q48 h，之后 q72 h

15. 异环磷酰胺(Ifosfamide)

规格　针剂:1.0 g

作用　淋巴肉瘤

用法　犬:350～375 mg/m^2,i. v.,和美司钠合用,每 2～3 周 1 次

16. 洛莫司汀/罗氮芥(Lomustine)

规格　40 mg、100 mg

作用　脑肿瘤、肥大细胞瘤、淋巴瘤

用法　犬:50～90 mg/m^2,p. o.,每 4～6 周 1 次

猫:50～60 mg/m^2,p. o.,每 6 周 1 次

17. 美法仑/苯丙氨酸氮芥(Melphalan)

规格　片剂:2 mg

①作用　血小板增多

用法　猫:0.5 mg,p. o.,q24 h,连用 4 d,之后 q48 h

②作用　多发性骨髓瘤

用法　犬:2 mg/m^2,p. o.,q24 h,连用 7～10 d,重复每 3 周 1 次;

7 mg/m², p. o., q24 h, 连用 5 d, 每 3 周 1 次

18. 6-巯基嘌呤/乐疾宁(6-Mercaptopurine)

规格　片剂:25 mg、50 mg、100 mg

作用　慢性粒细胞性白血病、淋巴瘤、免疫性关节炎

用法　犬:2 mg/kg 或 50 mg/m², p. o., q24 h

19. 甲氨蝶呤(Methotrexate)

规格　片剂:2.5 mg、5 mg、10 mg

针剂:5 mg、10 mg、25 mg、50 mg

作用　化疗

用法　犬:2.5 mg/m², p. o., q12～24 h;或 0.6～0.8 mg/kg, i. v., 每 3 周 1 次

猫:0.8 mg/kg, i. v., p. o., 每 4 周 1 次

20. 米托蒽醌(Mitoxantrone)

规格　针剂:2 mg(2 mL)

作用　化疗

用法　5.5～6 mg/m², i. v., 每 3 周 1 次

21. 长春碱/长春花碱(Vinblastine)

规格　针剂:100 mg

作用　肥大细胞瘤、淋巴肉瘤

用法　2 mg/m^2,i. v.,每周1次

22. 长春新碱(Vincristine)

规格　针剂:100 mg

①作用　传染性性肿瘤

用法　犬:0.5～0.7 mg/m^2,i. v.,每周1次,连用4～6周

②作用　淋巴肉瘤、乳腺瘤

用法　犬:0.5～0.75 mg/m^2,i. v.,每周1次

猫:0.75 mg/m^2,i. v.,每周1次

③作用　免疫性血小板减少症

用法　犬:0.25～0.3 mg/m^2,i. v.,每周1次

23. 阿来司酮(Aglepristone)

规格　注射剂:30 mg/mL

①作用　乳腺纤维瘤增生

用法　10 mg/kg,s. c.,q24 h,连用4～5 d

②作用　诱导分娩

用法　怀孕 58 d 后 15 mg/kg，s. c. ，24 h 后 q2 h 注射缩宫素 0. 15 U/kg，直到分娩

24. 米托坦/邻对滴滴滴(Mitotane)：

规格　片剂/胶囊：500 mg

①作用　脑垂体依赖型肾上腺皮质功能亢进

用法　犬：25～50 mg/kg，p. o. ，q24 h，连用 5～10 d，或遵照医嘱

②作用　功能性肾上腺皮质瘤

用法　犬：最初 50～75 mg/kg，p. o. ，q12 h，之后 50～100 mg/kg，p. o. ，每周 1 次

25. 醋酸奥曲肽(Octreotide acetate)

规格　0. 1 mg(1 mL)

作用　胰高血糖素瘤、胃泌素瘤

用法　10～40 μg/kg，s. c. ，q8～12 h

26. 他莫昔芬/三苯氧胺(Tamoxifen)

规格　片剂：每片含枸橼酸他莫昔芬 15.2 mg（相当于他莫昔芬 10 mg）

①作用　乳房瘤

用法　犬：0.42 mg/kg，p.o.，q24 h

②作用　抗动情激素

用法　犬：10 mg/只，p.o.，q12 h

27. 吉西他滨(Gemcitabine)

规格　注射剂：200 mg、1 g 干粉

作用　胰腺癌

用法　犬：300 mg/m^2，i.v.，超过 25～30 min，每周 1 次，连用 3～4 周，停用 1 周

猫：200 mg/m^2，i.v.，超过 20 min，每周 1 次，连用 3～4 周，停用 1 周，需严密监测白细胞及血小板情况

28. 伊马替尼(Imatinib)

规格　胶囊:100 mg

①作用　肥大细胞瘤

用法　犬:5～10 mg/kg,p. o. ,q24 h

②作用　肉瘤

用法　5～10 mg/kg,p. o. ,q24 h

29. 来氟米特(Leflunomide)

规格　片剂:10 mg、20 mg

①作用　免疫抑制

用法　犬:4 mg/kg,p. o. ,q24 h

②作用　全身性组织细胞增多症

用法　犬:2～4 mg/kg,p. o. ,q24 h

30. 帕拉定(Toceranib)

规格　片剂:10 mg、15 mg、50 mg

作用　肥大细胞瘤

用法　犬:2. 5～3. 25 mg/kg,p. o. ,q48 h

十六、疫苗、血清

(一)疫苗

1. 狂犬疫苗

作用　预防狂犬病

用法　3月龄时免疫1次,以后每年1次

2. 犬二联疫苗

作用　预防犬瘟和细小病毒

用法　幼龄犬首免4～6周,2免8～9周,3免12周,成年犬每年1次

3. 犬六联疫苗

作用　预防犬瘟、细小病毒、传染性肝炎、副流感、冠状病毒和钩端螺旋体

用法　50日龄至3个月的幼犬:需连续注射3次,每次间隔4周

3 月龄以上的犬：连续注射 2 次，每次间隔 4 周

成年犬：每年 1 次

4. 猫三联

作用　预防传染性鼻气管炎、猫鼻结膜炎，猫瘟

用法　首免 12 周龄，2 免 15～16 周龄，以后每年 1 次

(二)血清

1. 破伤风抗毒素(Tetanus Antitoxin)

①作用　破伤风预防

用法　500～1 000 IU/只，i. m.，s. c.，1 次

②作用　破伤风

用法　0. 2 mL，s. c.，皮试，观察 30 min，之后 100～500 IU/kg，s. c.，1 次，最大剂量不超过 20 000 IU

2. 抗蛇毒血清(Agkistrodon Halys Antivenin)

作用　抗蛇毒

用法　0. 6 万～1 万 IU/只，i. v.

3. 犬细小病毒单抗

作用　犬细小病毒病的预防和治疗

用法　治疗：0.5～1 mL/kg，s.c.，i.m.，q24 h，连用 3 d，严重者可加倍

预防：0.2 mL/kg，s.c.，i.m.

4. 犬瘟单抗

作用　犬瘟的预防和治疗

用法　治疗：0.5～1 mL/kg，s.c.，i.m.，q24 h，连用 3 d，严重者可加倍

预防：0.4～0.6 mL/kg，s.c.，i.m.

5. 犬二联血清

作用　治疗和预防犬瘟和犬细小病毒病

用法　治疗：1 mL/kg，s.c.，i.m.，q24 h，连用 3 d

预防：0.5 mL/kg，s.c.，i.m.，1 次

6. 猫瘟血清

作用　治疗和预防猫瘟

用法　1 mL/kg，s.c.，i.m.

附　录

(一)血常规指标

项目	犬	猫
红细胞(RBC)($\times 10^{12}$/L)	5.5～8.5	5.0～10.0
红细胞比积(HCT)(L/L)	0.37～0.55	0.24～0.45
血红蛋白(HGB)(g/L)	120～180	80～150
平均红细胞体积(MCV)($\times 10^{-15}$ L)	60～77	39～55
平均红细胞血红蛋白含量(MCH)($\times 10^{-12.0g}$)	19.5～24.5	13.0～17.0
平均红细胞血红蛋白浓度(HCHC)(g/dL)	32～36	30～36
白细胞(WBC)($\times 10^{9}$/L)	6.0～17.0	5.5～19.5
叶状中性粒细胞(Seg neutr)(%)	60～67	35～75
杆状中性粒细胞(Band neutr)(%)	0～3	0～3
单核细胞(Mon)(%)	3～10	0～4
淋巴细胞(Lym)(%)	12～30	20～55
嗜酸性粒细胞(Eos)(%)	2～10	0～12
嗜碱性粒细胞(Bas)(%)	少见	少见
血小板(P)($\times 10^{9}$/L)	200～900	300～700

(二)血生化指标

项目	犬	猫
总蛋白(TP)(g/L)	54～78	58～78
白蛋白(ALB)(g/L)	24～38	26～41
丙氨酸氨基转移酶(ALT)30℃(U/L)	4～66	1～64
天门冬氨酸氨基转移酶(AST)30℃(U/L)	8～38	0～22
碱性磷酸酶(ALP)30℃(U/L)	0～80	2.2～37.8
肌酸激酶(CK-NAC)30℃(U/L)	8～60	50～100
乳酸脱氢酶(LDH)30℃(U/L)	100	63～273
淀粉酶(Amy)30℃(U/L)	185～700	502～1 843
脂肪酶(Lipase)30℃(U/L)	0～258	0～143
γ-谷氨酰转移酶(GGT)30℃(U/L)	1.2～6.4	1.3～5.1
葡萄糖(GLU)(mmol/L)	3.3～6.7	3.9～7.5
总胆红素(T. Bili)(μmol/L)	2～15	2～10
直接胆红素(D. Bili)(μmol/L)	2～5	0～2
尿素氮(BUN)(mmol/L)	1.8～10.4	5.4～13.6
肌酐(CRE)(μmol/L)	60～110	62～190
胆固醇(CHOL)(mmol/L)	3.9～7.8	1.9～6.9
甲状腺素(T4)(ng/mL)	10～40	15～50
钙(Ca)(mmol/L)	2.57～2.97	2.09～2.74
磷(P)(mmol/L)	0.81～1.87	1.23～2.07
氯(Cl)(mmol/L)	104～116	110～123
钠(Na)(mmol/L)	138～156	147～156
钾(K)(mmol/L)	3.8～5.8	3.8～4.6
镁(Mg)(mmol/L)	0.79～1.06	0.62～1.03
碳酸氢盐(HCO_3^-)(mmol/L)	18～24	17～24

(三)犬的体重与体表面积换算表

体重/kg	表面积/m²	体重/kg	表面积/m²	体重/kg	表面积/m²
0.5	0.064	14.0	0.581	30.0	0.975
1.0	0.101	16.0	0.641	32.0	1.018
2.0	0.160	18.0	0.694	34.0	1.060
4.0	0.255	20.0	0.744	36.0	1.101
6.0	0.333	22.0	0.785	38.0	1.142
8.0	0.404	24.0	0.840	40.0	1.181
10.0	0.469	26.0	0.886	45.0	1.278
12.0	0.529	28.0	0.931	50.0	1.371

(四)猫的体重与体表面积换算表

体重/kg	表面积/m²	体重/kg	表面积/m²	体重/kg	表面积/m²
0.1	0.022	2.0	0.159	4.0	0.252
0.2	0.034	2.2	0.169	4.2	0.260
0.4	0.054	2.4	0.179	4.4	0.269
0.6	0.071	2.6	0.189	4.6	0.277
0.8	0.086	2.8	0.199	4.8	0.285
1.0	0.100	3.0	0.208	5.0	0.292
1.2	0.113	3.2	0.217	6.0	0.330
1.4	0.125	3.4	0.226	7.0	0.366
1.6	0.137	3.6	0.235	8.0	0.400
1.8	0.148	3.8	0.244	9.0	0.433

(五)常用处方缩写

缩写	英文全拼	含义
a. c.	Before meals	饭前
ad. lib.	At pleasure	随意
amp.	Ampoule	安瓿
b. i. d.	Twice a day	每天 2 次
cap.	Capsule	胶囊
g	Gram	克
h	Hour	小时
i. m.	Intramuscular	肌肉内
i. p.	Intraperitoneal	腹腔内
i. v.	Intravenous	静脉内
m^2	Square Metre	米^2
mg	Milligram	毫克
mL	Millilitre	毫升
o. m.	In the morning	在早上
o. n.	At night	在晚上
p. c.	After meals	饭后
prn	As required	按需要
q	Every, e. g. q8 h=every 8 hours	每,例如,q8 h=每 8 小时
q. i. d. /q. d. s	Four times a day	每天 4 次
q. s.	A sufficient quantity	足够量

续表

缩写	英文全拼	含义
s. c.	Subcutaneous	皮下
s. i. d.	Once a day	每天1次
Sig:	Directions/label	指导/标签
stat	Immediately	立即
susp.	Suspension	混悬液
tab	Tablet	片剂
t. i. d. /t. i. s.	Three times a day	每天3次
ACE	Angiootensin converting enzyme	血管紧张素转换酶
ACTH	Adrenocorticotrophic hormone	肾上腺皮质激素
AV	Atrioventricular	房室
CBC	Complete blood count	全血计数
CHF	Congestive heart failure	充血性心力衰竭
CNS	Central nervous system	中枢神经系统
COX	Cyclo-oxygenase	环氧合酶
CRF	Cheinic renal failure	慢性肾脏衰竭
CSF	Cerebrospinal flyid	脑脊液
d	Day(s)	天
DIC	Disseminated intravascular coagulation	弥散性血管内凝血
ECG	Electrocardiogram	心电图
EPI	Exocrine pancreatic insufficiency	胰腺外分泌功能不足
GI	Gastrointestinal	胃肠道
h	Hour(s)	小时

续表

缩写	英文全拼	含义
Hb	Hemoglobin	血红蛋白
min	Minute	分钟
p. o.	By mouth, orally	口服
PU/PD	Polyuria/polydipsia	多尿/多饮
RBC	Red blood celll	红细胞
SLE	Systemic lupus erythematosus	系统性红斑狼疮
STC	Special Treatment Certificate	特殊治疗认证
VPC	Ventricular premature contraction	室性期前收缩
WBC	White blood cell	白细胞
wk	Week(s)	周

索　引

按拼音顺序排列：

0.005%拉坦前列素(Latanoprost 0.005%)/96

0.03%氟比洛芬(Flurbiprofen 0.03%)/92

0.1%碘苷(Idoxuridine 0.1%)/88

0.1%双氯芬酸(Diclofenac 0.1%) /92

0.2%～2%环孢霉素 A(Cyclosporine 0.2%～2%)/95

0.3%美替洛尔(Metipranolol 0.3%) /92

0.5%倍他洛尔(Betaxolol 0.5%)/91

0.5%马来酸噻吗洛尔(Timolol Maleate 0.5%) /91

0.5%左布诺洛尔(Levobunolol 0.5%)/92

0.9%氯化钠/生理盐水(Sodium Chloride)/168

1%布林唑胺(Brinzolamide 1%)/91

1%卡替洛尔(Carteolol 1%) /92

1%毛果芸香碱/匹罗卡品(Pilocarpine 1%)/96

1%曲氟尿苷/三氟尿苷(Trifluridine 1%)/88

1%舒洛芬(Suprofen 1%)/93
1%双氧水/199
1%硝酸银溶液(Silver Nitrate Cream)/75
1%依地酸二钠(Disodium EDTA 1%)/96
2%多佐胺(Dorzolamide 2%)/92
20%乙醇(Ethanol 20%)/62
3%阿糖腺苷/腺嘌呤阿糖苷(Vidarabine 3%)/88
3%过氧化氢(Hydrogen Peroxide 3%)/64
40%右旋糖眼用软膏(Glucose 40% Ophthalmic Ointment)/94
5%氯化钠(Sodium Chloride 5%) /94
50%环己烯亚胺/克菌丹(Captan Powder 50%)/34
50%葡萄糖(Glucose 50%)/235
5-氟尿嘧啶(5-Fluorouacil)/259
6-巯基嘌呤/乐疾宁(6-Mercaptopurine)/262
70%乙醇溶液(Alcohol 70%)/69
阿法沙龙(Alfaxalone)/103
阿芬太尼(Alfentanil)/110
阿卡波糖/抑葡萄糖甙酶(Acarbose)/142
阿拉伯胶(Acacia)/76

阿来司酮(Aglepristone)/263
阿利马嗪/异丁嗪(Trimeprazine)/244
阿仑膦酸钠(Alendronate Sodium)/166
阿米卡星/丁胺卡那霉素(Amikacin)/11
阿米曲士/双甲脒(Amitraz)/54
阿米替林(Amitriptyline)/80
阿莫西林/羟氨苄青霉素(Amoxicillin)/1
阿莫西林-克拉维酸/速诺(Amoxicillin-Clavulanic Acid)/1
阿朴吗啡/去水吗啡(Apomorphine)/64
阿奇霉素(Azithromycin)/17
阿司匹林/乙酰水杨酸(Aspirin)/126
阿糖胞苷(Cytosine Arabinoside)/258
阿替洛尔/氨酰心安/美氏牌速降压灵(Atenolol)/173
阿替美唑(Atipamezole)/61
阿托伐醌(Atovaquone)/53
阿昔洛韦/无环鸟苷(Aciclovir)/34
阿昔洛韦滴眼液、膏/无环鸟苷(Aciclovir)/88
阿昔曲丁(Acitretin)/79
艾司洛尔(Esmolol)/178

爱迪伏消毒液/70
安络血/肾上腺色素缩氨脲(Adrenobazone)/181
安乃近(Analgine)/126
氨苯砜(Dapsone)/82
氨吡酮/氨双吡酮/氨利酮(Amrinone)/171
氨苄西林/氨苄青霉素(Ampicillin)/2
氨丙啉/安普罗铵(Amprolium)/50
氨茶碱/肺心康(Aminophylline)/214
氨搽剂/浓氨溶液(Amonia)/78
氨氯地平/阿洛地平/络活喜(Amlodipine)/188
胺碘酮/可达龙/威力调心灵(Amiodarone)/175
昂丹司琼(Ondansetron)/201
奥比沙星(Orbifloxacin)/24
奥美拉唑/沃必唑(Omeprazole)/201
奥沙西泮/舒宁(Oxazepam)/191
巴氯芬/力奥来素(Baclofen)/237
白陶土/胶质/高岭土(Kaolin/Pectin)/206
白陶土敷剂(Kaolin)/77
百菌清/碘酸混合液/71
百克瑞/85

斑蝥软膏(Cantharidin)/79
薄荷脑/薄荷醇(Menthol)/79
保泰松/布他酮(Phenylbutazone)/127
贝复舒[Recombinant Bovine Basic Fibroblast Growth Factor (bFGF) Eye Drops]/94
贝那普利(Benazepril)/188
倍他米松/倍氟美松(Betamethasone)/95,135
苯丙醇胺(Phenylpropanolamine)/239
苯丙酸诺龙/苯丙酸去甲睾酮(Nandrolone Phenylpropionate)/226
苯丁酸氮芥/瘤可宁(Chlorambucil)/254
苯酚/石炭酸(Phenol)/67
苯海拉明/可他敏(Diphenhydramine)/65
苯海拉明/可他敏/苯那君(Diphenhydramine)/241
苯磺阿曲库铵/阿曲可宁/卡肌宁(Atracurium Besylate)/107
苯妥英(Phenytoin)/176
苯妥英钠/大仑丁(Phenytoin Sodium)/122
苯氧乙醇(Phenoxyethanol)/69
苯唑青霉素/新青霉素Ⅱ/苯唑西林(Oxacillin)/5

比沙可啶/便塞停(Bisacodyl)/204
吡虫啉(Imidacloprid)/55
吡喹酮/环吡异喹酮(Praziquantel)/49,50
吡罗昔康/炎痛喜康(Piroxicam)/128
吡斯的明(Pyridostigmine)/148
必需脂肪酸(Essential Fatty Acids)/208
蓖麻油(Castor Oil)/203
苄星青霉素/长效西林(Benzathine Penicillin)/5
别嘌呤醇/痛风宁(Allopurinol)/129,236
冰片散/84
丙胺太林/普鲁本辛(Propantheline)/239
丙吡胺/异脉定/达舒平(Disopyramide)/175
丙泊酚/异丙酚(Propofol)/102
丙硫咪唑/阿苯达唑/肠虫清片(Albendazole)/43,50
丙戊酸钠/抗癫灵(Sodium Valproate)/122
病毒灵滴眼液/吗啉呱(Moroxydine)/88
博来霉素/争光霉素(Bleomycin)/253
布比卡因(Bupivacaine)/106
布地奈德/布地缩松(Budesonide)/138
布托啡诺/环丁羟吗喃(Butorphanol)/111

茶苯海明/晕海宁(Dimenhydrinate)/200
长春碱/长春花碱(Vinblastine)/263
长春新碱(Vincristine)/263
常规胰岛素(Insulin Regular)/144
创必龙/曲比氯胺(Triclobisonium Chloride)/74
雌二醇/求偶二醇(Estradiol)/220
促肝细胞生长素/肝复肽(Hepatocyte Growth-promoting Factors)/207
促红细胞生成素(Erythropoietin)/184
促黄体素/黄体生成素(Luteinizing Hormone)/229
促卵泡激素/促卵泡生成激素(Follicle-stimulating Hormone)/228
促性腺激素释放激素/戈那瑞林(Gonadotropin-releasing Hormone)/228
醋甲唑胺/醋唑磺胺(Methazolamide)/87
醋羟胺酸/乙酰氧肟酸(Acetohydroxamic Acid)/237
醋酸奥曲肽(Octreotide Acetate)/264
醋酸甲地孕酮/乙酸甲地孕酮(Megestrol Acetate)/222
醋酸甲基氢化泼尼松(Methylprednisolone Acetate)/95
醋酸甲羟孕酮/甲孕酮/安宫黄体酮(Medroxyprogester-

one Acetate)/220
醋酸可的松眼液、膏(Cortisone Acetate)/89
醋酸泼尼松眼液、膏(Prednisone Acetate)/90
醋酸氢化可的松眼液、膏(Hydrocortisone Acetate)/89
醋酸锌(Zinc Acetate)/208
达贝泊汀(Darbepoetin)/185
达卡巴嗪/抗黑瘤素(Dacarbazine)/258
达那唑/炔睾醇(Danazol)/224
大观霉素(Spectinomycin)/14
丹曲林/硝苯呋海因(Dantrolene)/238
蛋氨酸/甲硫氨酸(Methionine)/207,236
蛋白银(Argentoprotein)/75
氮芥/恩比兴(Chlormethine)/255
德拉昔布/地拉考昔(Deracoxib)/131
低精蛋白锌胰岛素/中效胰岛素(Insulin,NPH)/143
敌敌畏缓释剂(Dichlorvos)/48
地尔硫卓(Diltiazem)/173
地芬诺酯/苯乙哌啶/止泻宁(Diphenoxylate)/205
地高辛/狄戈辛(Digoxin)/171
地诺前列素氨丁三醇(Dinoprost Thomethamine)/219

地塞米松/氟美松(Dexamethasone)/132,212,252
地西泮/安定(Diazepam)/117,125,239
颠茄酊(Tinctura Belladonnae)/150
典必殊滴眼液/91
碘酊(Iodine Tincture)/69
碘仿/三碘甲烷(Iodoform)/70
碘伏/强力碘(Iodophor)/68
碘甘油(Iodine Glycerol)/70
碘塞罗宁[Triiodothyronine(T3)]/141
淀粉(Starch)/75
淀粉海绵/明胶海绵(Starch Sponge/Gelatin Sponge)/182
丁丙诺啡/布诺啡(Buprenorphine)/111
度米芬/消毒宁(Domiphen Bromide)/73
对乙酰氨基酚/扑热息痛 (Paracetamol)/127
多巴酚丁胺/杜丁胺(Dobutamine)/152,172,247
多拉菌素(Doramection)/48
多拉司琼(Dolasetron)/202
多酶片(Multienzyme Tablets)/192
多潘立酮/吗丁啉(Domperidone)/202

多柔比星/阿霉素(Doxorubicin)/259
多沙普仑/佳苏仑(Doxapram)/214
多西环素/脱氧土霉素/强力霉素(Doxycycline)/14
恩康唑(Enilconazole)/29
恩诺沙星/百病消/拜有利(Enrofloxacin)/23
二氮嗪/降压嗪(Diazoxide)/145,187
二氟沙星/双氟哌酸(Difloxacin)/24
二甲基亚砜(Dimethyl Sulfoxide)/77
二氯磺胺(Dichlorphenamide)/86
二巯丙醇(Dimercaprol)/59
二巯丁二酸/二巯琥珀酸(Succimer)/59
法莫替丁/保胃健/胃舒达(Famotidine)/196
凡士林(Vaseline)/76
钒(Vanadium)/144
泛酸钙/本多生酸钙(Calcium Pantothenate)/160
泛昔洛韦(Famciclovir)/35
放线菌素 D/更生霉素(Actinomycin D)/253
非班太尔复合剂/拜宠清(Compound Febantel)/45
非尔氨酯/非班酯(Felbamate)/123
非格司亭(Filgrastim)/249

非那雄胺/非那司提/保列治(Finasteride)/230
非泼罗尼/福来恩(Fipronil)/56
痱子粉/氧化锌滑石粉/氧化锌软膏(Zinc Oxide)/74
芬苯达唑/硫苯咪唑(Fenbendazole)/44,50
芬太尼(Fentanyl)/112
酚磺乙胺/止血敏(Etamsylate)/181
呋喃妥因/呋喃坦啶(Nitrofurantoin)/40
呋喃唑酮/痢特灵(Furazolidone)/39,51
呋塞米/利尿灵/速尿(Furosemide)/215,233
肤轻松/醋酸氟轻松(Fluocinonide)/85
扶他林/双氯芬酸(Diclofenac)/85
氟胞嘧啶(Flucytosine)/30
氟甲睾酮(Fluoxymesterone)/224
氟康唑/大扶康(Fluconazole)/29
氟尼辛葡甲胺(Flunixin Meglumine)/96,245
氟氢可的松(Fludrocortisone)/139
氟烷(Halothane)/99
辅酶 Q_{10}(Coenzyme Q_{10})/175
复方醋酸铅散/复方醋酸铅液(Plumbi Acetas)/74
复方煤焦油酸溶液/农福/68

复合碘溶液/雅好生/68
复合酚/菌毒敌/农乐/68
复合维生素 B(Compound Vitamin B)/162
甘露醇(Mannitol)/87
甘露醇/己六醇/木密醇(Mannitol)/235
甘油(Glycerin)/87
甘油软膏(Glycerol)/77
肝素/肝素钠(Heparin)/182
高锰酸钾/过氧化锰(Potassium Permanganate)/72
格拉司琼(Granisetron)/202
格列吡嗪/灭糖尿(Glipizide)/143
格隆溴铵/胃长宁(Glycopyrronium Bromide)/149,172,194
枸橼酸钾/柠檬酸钾(potassium citrate)/238
枸橼酸氯米芬/舒经芬/氯米芬(Clomiphene Citrate)/224
枸橼酸钠/柠檬酸钠(Sodium Citrate)/183
谷氨酰胺(Glutamine)/198
骨化三醇/钙三醇(Calcitriol)/146,238
过氧化氢溶液/双氧水(Hydrogen Peroxide)/73

过氧乙酸/过醋酸(Peracetic Acid)/68
海他西林/缩酮氯苄青霉素(Hetacillin)/4
红碘化汞软膏(Mercury Biniodide)/79
红霉素/利菌沙/琥乙红霉素(Erythromycin)/18
红霉素软膏(Erythromycin Ointment)/84
红霉素眼膏(Erythromycin Ophthalmic Ointment)/93
华法林/苄丙酮香豆素(Warfarin)/183
环孢霉素 A(Cyclosporine A)/251
环丙沙星/特美力/环福星(Ciprofloxacin)/23
环磷酰胺(Cyclophosphamide)/256
环戊丙酸睾酮(Testosterone Cypionate)/226
黄体酮/孕酮(Progesterone)/223
黄氧化汞/黄降汞(Hydrargyri Oxdium Flavum)/72
磺胺地索辛-奥美普林(Sulfadimethoxine-Ormetoprim)/21
磺胺二甲氧嘧啶/磺胺地索辛(Sulfadimethoxine)/21,51
磺胺嘧啶(Sulfadiazine)/20,51
磺胺嘧啶银/烧伤宁(Sulfadiazine Silver)/84
灰黄霉素(Griseofulvin)/34
活性医用炭(Charcoal Activated)/65

火棉胶(Collodium)/75
吉西他滨(Gemcitabine)/265
己酮可可碱(Pentoxifylline)/83
己烯雌酚(Diethylstilbestrol)/218
加巴喷丁(Gabapentin)/123
甲氨蝶呤(Methotrexate)/262
甲苯咪唑/甲苯达唑(Mebendazole)/44
甲吡唑(Fomepizole)/62
甲睾酮/甲基睾丸酮(Methyltestosterone)/225
甲基纤维素(Methylcellulose)/76
甲泼尼龙(Methylprednisolone)/136
甲巯咪唑/他巴唑(Methimazole)/145
甲硝唑/灭滴灵(Metronidazole)/37,52
甲氧苯青霉素/新青霉素Ⅰ/甲氧西林(Methicillin)/4
甲氧苄氨嘧啶-磺胺嘧啶/复方新诺明(Trimethoprim-Sulfadiazine)/21
甲氧氟烷(Methoxyflurane)/99
甲氧明/美速胺(Methoxamine)/153
甲紫/龙胆紫/紫药水(Methylrosanilinium Chloride)/72
碱式水杨酸铋(Bismuth Subsalicylate)/205

解磷定(Pralidoxime)/58
金刚烷胺/三环癸烷胺(Amantadine)/109
金硫葡糖(Aurothioglucose)/81
金霉素/氯四环素(Chlortetracycline)/14
金诺芬(Auranofin)/81
肼屈嗪/阿普利素灵(Hydralazine)/189
酒石酸布托啡诺/环丁羟吗喃(Butorphanol Tartrate)/211
聚维酮碘/吡咯烷酮碘(Povidone Iodine)/70
菌毒清/辛氨乙甘酸溶液(Octicin Solution)/68
卡比马唑/甲亢平(Carboplatin)/145
卡铂/碳铂(Carboplatin)/254
卡洛芬/炎易妥(Carprofen)/128
卡尼汀/左旋肉碱/肉毒碱(*L*-carnitine)/209
卡托普利/开博通(Captopril)/189
卡维地洛/卡维洛尔(Carvedilol)/178
抗坏血酸/维生素 C(Ascorbic Acid)/61,162
抗蛇毒血清(Agkistrodon Halys Antivenin)/268
考来烯胺(Cholestyramine)/63,194
可待因/甲基吗啡(Codeine)/212

克拉霉素/克拉红霉素(Clarithromycin)/18
克林霉素/氯洁霉素(Clindamycin)/26,53
克霉唑/抗真菌一号(Clotrimazole)/28
口服补液盐(Oral Rehydration Salt)/170
狂犬疫苗/267
奎尼丁(Quinidine)/176
来氟米特(Leflunomide)/266
赖氨酸(Lysine)/209
赖诺普利(Lisinopril)/189
乐敦/维氨啉滴眼液(New Rohto Eye Drops)/94
雷佛奴尔/利凡诺(Ethacridine)/72
雷米普利(Ramipril)/179
雷尼替丁/胃安太定(Ranitidine)/194
利巴韦林/病毒唑/三氮唑核苷(Ribavirin)/35,89
利多卡因(Lidocaine)/174
利福平(Rifampin)/36
利尿酸钠/依他尼酸钠(Ethacrynate Sodium)/233
链霉素(Streptomycin)/13
两性霉素 B/庐山霉素(Amphotericin B)/28
林可霉素/洁霉素(Lincomycin)/27

磷酸钠(Sodium Phosphate)/170
硫柳汞/硫汞柳酸钠(Thiomersal)/71
硫喷妥钠/硫巴比妥酸盐(Sodium Thiopental)/101
硫酸阿托品(Atropine SO_4) /58,148
硫酸阿托品滴眼液(Atropine Sulfate Ophthalmic Solution)/89
硫酸多黏菌素(Polymyxin)/39
硫酸钾铝/明矾(Aluminum Potassium Sulfate)/75
硫酸卡那霉素(Kanamycin Sulfate)/13
硫酸镁/泻盐(Magnesium Sulfate)/203
硫酸锌(Zinc Sulfate)/166
硫酸新霉素(Neomycin Sulphate)/11
硫酸亚铁/绿矾/铁矾(Ferrous Sulfate)/184
硫酸鱼精蛋白(Protamine Sulfate)/62,181
硫糖铝/胃溃宁/溃疡散(Sucralfate)/197
硫唑嘌呤/义美仁/依木兰(Azathioprine)/249
柳氮磺吡啶/柳氮吡啶(Sulfasalazine)/197
露它净/74
罗贝考昔(Robenacoxib)/129
罗红霉素/严迪(Roxithromycin)/20

罗库溴铵(Rocuronium)/109
螺内酯/安体舒通/螺旋内酯固醇(Spironolactone)/232
洛莫司汀/罗氮芥(Lomustine)/261
洛哌丁胺/腹泻啶(Loperamide)/206
氯胺/氯亚明(Chloramine)/71
氯胺酮/开他敏(Ketamine)/100
氯贝胆碱/氯化氨甲酰甲胆碱(Bethanchol Chloride)/240
氯苯那敏/扑尔敏/氯苯吡胺/皮敏灭(Chlorphenira-mine)/242
氯吡格雷(Clopidogrel)/183
氯丙嗪/冬眠灵(Chlorpromazine)/120
氯氮卓/利眠宁(Chlordiazepoxide)/121
氯法齐明(Clofazimine)/37
氯芬奴隆/氯芬新(Lufenuron)/55
氯化氨基汞/白降汞(Ammoniated Mercury)/71
氯化铵/硇砂(Ammonium Chloride)/215,236
氯化钙(Calcium Chloride)/165
氯化琥珀胆碱/司可林(Suxamethonium Chloride)/107
氯化钾(Potassium Chloride)/169
氯磺丙脲/对氯苯磺酰丙脲(Chlorpropamide)/232

氯马斯汀/吡咯醇胺/克立马丁(Clemastine)/242
氯霉素/左霉素(Chloramphenicol)/36
氯霉素眼药水(Chloramphenicol)/93
氯前列烯醇(Cloprostenol)/219
氯噻嗪(Chlorothiazide)/233
氯硝西泮/氯硝安定(Clonazepam)/120,125
氯唑西林/邻氯青霉素(Cloxacillin)/3
麻黄碱/麻黄素(Ephedrine)/213
马波沙星/麻佛(Marbofloxacin)/24
马来酸麦角新碱/苹果酸麦角新碱(Ergonovine Maleate)/218
马罗吡坦/止吐宁(Maroptant)/203
吗伐考昔(Mavacoxib)/130
吗啡(Morphine)/114
猫三联/268
猫瘟血清/269
煤酚皂溶液/来苏儿(Cresol)/67
霉康灵/酮康唑(Ketoconazole)/30,85,140
美法仑/苯丙氨酸氮芥(Melphalan)/261
美克洛嗪/氯苯甲嗪/敏可静(Meclizine)/200

美拉索明(Melarsomine)/47
美罗培南(Meropenem)/40
美洛昔康(Meloxicam)/128
美沙酮/美散痛(Methadone)/113
美索巴莫/舒筋灵(Methocarbamol) /66,109
美托咪定(Medetomidine)/104
美西律/脉律定/慢心律(Mexiletine)/175
门冬酰胺酶(Asparaginase)/253
咪达唑仑/咪唑安定(Midazolam)/120,125
咪多卡/咪唑苯脲(Imidocarb)/52
咪康唑/达克宁(Miconazole/Daktarin)/31
米勃酮(Mibolerone)/225
米力农/米利酮(Milrinone)/179
米诺环素/二甲胺四环素(Minocycline)/15
米索前列醇(Misoprostol)/198
米替福新(Miltefosine)/54
米托蒽醌(Mitoxantrone)/262
米托坦/邻对滴滴滴(Mitotane)/139,264
免疫球蛋白(Immunoglobulin)/248
沐舒坦/氨溴索(Ambroxol)/216

纳洛酮/丙烯吗啡酮(Naloxone)/63
尼扎替丁(Nizatidine)/197
牛磺酸(Taurine)/208
诺氟沙星/氟哌酸(Norfloxacin)/25
帕拉定(Toceranib)/266
哌拉西林(Piperacillin)/3
哌替啶/杜冷丁(Meperidine)/114
哌唑嗪(Prazosin)/190
泮库溴铵/溴化双哌雄双酯/巴夫龙(Pancuronium Bromide) /108
喷他佐辛/镇痛新/戊唑星(Pentazocine)/114
硼酸(Boric Acid)/69
皮康霜/84
皮炎平/84
匹莫苯丹(Pimobendan)/179
漂白粉/含氯石灰(Chlorinated Lime)/68
泼尼松龙/氢化泼尼松(Prednisolone)/97,134,215
破伤风抗毒素(Tetanus Antitoxin)/268
葡萄糖酸钙(Calcium Gluconate)/164,173
葡萄糖酸锑钠(Sodium Stibogluconate)/54

普罗碘铵(Prolonium Iodide)/95
普萘洛尔/心得安(Propranolol)/154,176
普瑞巴林(Pregabalin)/124
七氟烷(Sevoflurane)/105
齐多夫定/叠氮胸苷(Zidovudine)/35
羟基脲(Hydroxyurea)/259
羟甲基纤维素钠(Odium Cellulose Glycolate)/76
羟嗪/安他乐(Hydroxyzine)/243
羟乙基淀粉(Hydroxyethyl Starch)/186
氢化可的松/皮质醇(Hydrocortisone)/135,252
氢化可的松琥珀酸钠(Hydrocortisone Sodium Succinate)/246
氢氯噻嗪/双氢克尿噻(Hydrochlorothiazide)/215,231
氢吗啡酮(Hydromorphone)/115
氢溴酸东莨菪碱(Scopolamine Hydrobromide)/150
氢溴酸山莨菪碱/654-2(Anisodamine Hydrobromide)/150
氢氧化铝/胃舒平(Algeldrate)/194
氢氧化镁(Magnesium Hydroxide)/64,193
氢氧化钠/苛性钠/烧碱(Sodium Hydroxide)/67

庆大霉素/正泰霉素(Gentamicin)/12
巯丙酰甘氨酸(2-Mercaptopropionyl Glycine)/239
曲安奈德/氟羟泼尼松龙/去炎松(Triamcinolone)/137,252
曲恩汀/三亚基四胺(Trientine)/207
曲洛司坦(Trilostane)/140
曲马多/祛痛(Tramadol)/110
去氨加压素(Desmopressin)/142
去铁胺/去铁敏(Deferoxamine)/59
去氧肾上腺素(Phenylephrine)/153,247
全血或血浆(Whole Blood)/186
犬二联血清(Canine Duplex Serum)/269
犬二联疫苗(Dog Vaccine)/267
犬六联疫苗(Canine Six Vaccine)/267
犬猫耳康/98
犬瘟单抗(CDV McAb)/269
犬细小病毒单抗(CPV McAb)/269
人造血浆(Artificial Plasm)/185
绒毛膜促性腺激素(Chorionic Gonadotropin)/227
鞣酸/鞣酸蛋白(Tannic Acid/Tannalbin)/205

鞣酸软膏/鞣酸甘油(Tannic Acid)/74
乳果糖/杜秘克(Lactulose)/192
乳酸钙(Calcium Lactate)/165
软皂(Soft Soap)/77
塞拉菌素/大宠爱(Selamectin)/56
塞替派/息安的宾(Thiotepa)/255
噻苯达唑/噻苯咪唑(Thiabendazole)/32,45
赛庚啶(Cyproheptadine)/244
赛拉嗪/隆朋/甲苯噻嗪(Xylazine/Rompun)/122
赛拉嗪/隆朋/麻保静(Xylazine/Rompun)/66
三甲醋酸去氧皮质酮(Desoxycorticosterone Pivalate)/139
沙丁胺醇/喘乐宁(Albuterol)/214
肾上腺素/182
肾上腺素/副肾素(Adrenaline)/151,172,215
舒泰/替来他明唑拉西泮(Tiletamine Zolazepam)/102
双氢速甾醇(Dihydrotachysterol)/156
水飞蓟宾/水飞蓟素(Silybin)/210
顺铂(Cisplatin)/256
司来吉兰/丙炔苯丙胺(L-deprenyl)/153

司坦唑醇/康力龙(Stanozolol)/226
司维拉姆(Sevelamer)/167
四环素(Tetracycline)/16
四烯雌酮/烯丙孕素(Altrenogest)/219
松节油擦剂(Turpentine Oil)/78
羧苄青霉素/卡比西林/羧苄西林(Carbenicillin)/4
缩宫素/催产素(Oxytocin)/217
索他洛尔(Sotalol)/177
他莫昔芬/三苯氧胺(Tamoxifen)/265
泰勒菌素(Tylosin)/19
泰利必妥滴眼液/氧氟沙星(Ofloxacin)/90
泰利必妥耳液/氧氟沙星(Ofloxacin)/97
碳酸钙(Calcium Carbonate)/165
碳酸镧(Lanthanum Carbonate)/167
碳酸锂(Lithium Carbonate)/249
碳酸氢钠/小苏打(Sodium Bicarbonate)/168,236
特布他林/叔丁喘宁(Terbutaline)/213
特酚伪麻片/特非那定(Terfenadine)/243
锑酸葡胺/葡甲胺锑(Meglumine Antimonite)/53
替卡西林(Ticarcillin)/3

替卡西林钠-克拉维酸钾(Ticarcillin-Clavulanate)/5
替硝唑/砜硝唑(Tinidazole)/41,52
酮洛芬(Ketoprofen)/130
酮咯酸(Ketorolac)/116
头孢氨苄/头孢力新/先锋Ⅳ(Cephalexin)/6
头孢吡肟(Cefepime)/头孢匹罗(Cefpirome)/9
头孢呋辛/头孢呋肟(Cefuroxime)/9
头孢菌素Ⅴ/先锋Ⅴ/头孢唑啉钠(Cefazolin Sodium)/10
头孢克肟(Cefixime)/7
头孢羟氨苄(Cefadroxil)/10
头孢曲松/菌必治(Ceftriaxone)/9
头孢噻吩/头孢菌素Ⅰ(Cephalothin)/10
头孢噻呋(Ceftiofur)/8
头孢噻肟钠/头孢氨噻肟(Cefotaxime Sodium)/7
头孢他定(Ceftazidime)/8
头孢维星(Cefovecin)/7
土霉素/地霉素(Oxytetracycline)/16
吐根(Ipecac)/64,199
褪黑激素(Melatonin)/142
托百士/妥布霉素(Tobrex)/90

托吡酯(Topiramate)/125
妥布霉素(Tobramycin)/13
万古霉素/凡可霉素(Vancomycin)/42
维 A 酸(Tretinoin)/80
维库溴铵/维库罗宁/万可松(Vecuronium Bromide)/108
维拉帕米/异搏定(Verapamil)/177
维生素 A/视黄醇(Vitamin A)/156
维生素 B_1/硫胺素(Thiamine)/159
维生素 B_2/核黄素(Vitamin B_2)/160
维生素 B_6/吡多醇(Vitamin B_6)/161
维生素 B_{12}/氰钴维他命(Cyanocobalamin)/161,186
维生素 E/生育酚(Vitamin E)/157
维生素 K_1(Vitamin K_1)/158,180
维生素 K_3/亚硫酸氢钠甲萘醌(Vitamin K_3)/180
维生素 PP/烟酰胺/烟酸(Nicotinamide)/160
胃复安/甲氧氯普胺/灭吐灵(Metoclopramide)/199
沃古林眼药水/硫酸锌(Zinc Sulfate)/90
乌洛托品/六亚甲基四胺(Urotropine)/41
西地那非(Sildenafil)/180
西咪替丁(Cimetidine)/195

西沙必利/优尼必利(Cisapride)/192,238
西替利嗪(Cetirizine)/244
洗必泰/双氯苯双胍己烷(Chlorhexidine)/73
消毒净(Myristylpicolinum Bromide)/73
硝甲酚汞/米他芬(Nitromersol)/72
硝酸异山梨酯/心痛治/消心痛(Isosorbide Dinitrate)/174
辛丁酯磺酸钙/多库酯钙(Docusate Calcium)/204
新洁尔灭/溴苄烷铵(Benzalkonium Bromide)73
新霉素耳液(Neomycin)/97
新斯的明(Neostigmine)/147
熊去氧胆酸(Ursodeoxycholate)/208
溴化钾(Potassium Bromide)/124
血红蛋白(Oxyglobin)/187
血凝酶/立止血(Hemocoagulase Atrox)/181
亚胺培南(Imipenem)/40
亚甲蓝/美蓝(Methylthioninium Chloride) /60
烟酰胺(Nicotinamide)/62
盐酸地芬诺酯(Diphenoxylate Hydrochloride)/206
盐酸丁萘脒(Bunamidine Hydrochloride)/48

盐酸多巴胺(Dopamine Hydrochloride)/151,172,246
盐酸利多卡因/昔罗卡因(Lidocaine Hydrochloride)/106
盐酸普鲁卡因/奴佛卡因(Procaine Hydrochloride)/105
盐酸羟苄唑眼液(Hydrobenzole)/93
盐酸特比萘芬/兰美抒(Terbinafine Hydrochloride)/33
盐酸溴己新/必消痰/溴苄环己铵(Bromhexine Hydrochloride)/216
羊毛脂(Lanolin)/76
氧氟沙星/泰利必妥(Ofloxacin)25
氧化钙/生石灰(Calcium Chloride)/67
氧化亚氮/笑气(Nitrous Oxide)/99
药用炭/活性炭(Activated Carbon)/77
叶酸/维生素 M(Folic Acid)/163,186
液体石蜡/白油(Liquid Paraffin)/204
伊马替尼(Imatinib)/266
伊曲康唑(Itraconazole)/30
伊维菌素(Ivermectin)/45,55
依巴沙星(Ibafloxacin)/25
依酚氯铵/腾喜龙(Edrophonium Chloride)/147
依那普利/悦宁定(Enalapril)/189

依索唑胺(Ethoxzolamide)/97
依替膦酸钠(Etidronate Disodium)/167
依托咪酯(Etomidate)/104
依西太尔(Epsiprantel)/49
胰高血糖素(Glucagon)/144
胰酶/胰液素(Pancreatin)/191
乙胺嘧啶(Pyrimethamine)/51
乙胺嗪/灭丝净(Diethylcarbamazine)/43
乙酰半胱氨酸/痰易净(Acetylcysteine)/60
乙酰丙嗪/静安舒(Acetylpromazine)/61,116
乙酰甘氨酸重氮氨苯脒/三氮脒(Diminazene Aceturate)/51
乙酰唑胺/甲唑酰胺/醋唑磺胺(Acetazolamide)/232
乙酰唑胺/乙酰唑胺钠(Acetazolamide)/86
异丙嗪/抗胺荨(Promethazine)/243
异氟烷(Isoflurane)/100
异环磷酰胺(Ifosfamide)/261
异维 A 酸(Isotretinoin)/82
益康唑/氯苯咪唑硝酸盐(Econazole)/33
游霉素/那他霉素(Natamycin)/32

右美托咪定/多咪静(Dexmedetomidine)/104
右旋糖酐铁/葡聚糖铁(Iron Dextran)/185
鱼精蛋白锌胰岛素/长效胰岛素(Insulin,PZI)/143
鱼石脂软膏(Ichthammol Ointment)/85
愈创木酚甘油醚(Glyceryl Gguaiacolate)/65
云南白药(Yunnan White Powder)/85
樟脑醑/氨制樟脑搽剂(Camphor)/78
植物油(Seed Fat)/76
制霉菌素(Nystatin)/32
中链甘油三酯(Medium-chain Triglycerides)/209
重酒石酸二氢可待因酮(Hydrocodone Hitartrat)/211
重酒石酸间羟胺/阿拉明(Metaraminol Bitartrate)/152
卓比林/替泊沙林(Zubrin)/130
左旋甲状腺素[*L*-thyroxine(T4)]/141
左旋咪唑/左咪唑(Levamisole)/47
左乙拉西坦(Levetiracetam)/123
唑尼沙胺(Zonisamide)/125

参考文献

[1] 董军，潘庆山. 犬猫用药速查手册. 2 版. 北京：中国农业大学出版社，2010.

[2] 闫继业. 畜禽药物手册. 3 版. 北京：金盾出版社，2007.

[3] 胡元亮. 兽医处方手册. 3 版. 北京：中国农业出版社，2005.

[4] 朱模忠. 兽药手册. 北京：化工工业出版社，2010.

[5] 沈建忠，谢联金. 兽医药理学. 北京：中国农业大学出版社，2000.

[6] 朱要宏，宋泉江. 犬猫临床用药手册. 北京：中国林业出版社，2019.

[7] (美) Rhea V. Morgan. 小动物临床手册. 4 版. 施振声，译. 北京：中国农业出版社，2005.

[8] (英)Ian Ramsey. 小动物药物手册. 袁占奎, 裴增杨, 译. 北京:中国农业出版社, 2013.
[9] (美)Donald, C. Plumb. 兽药手册. 7版. 沈建忠, 冯忠武,曹兴元,等译. 北京: 中国农业大学出版社, 2016.